蚕（カイコ）の城（しろ）

明治近代産業の核

馬場明子

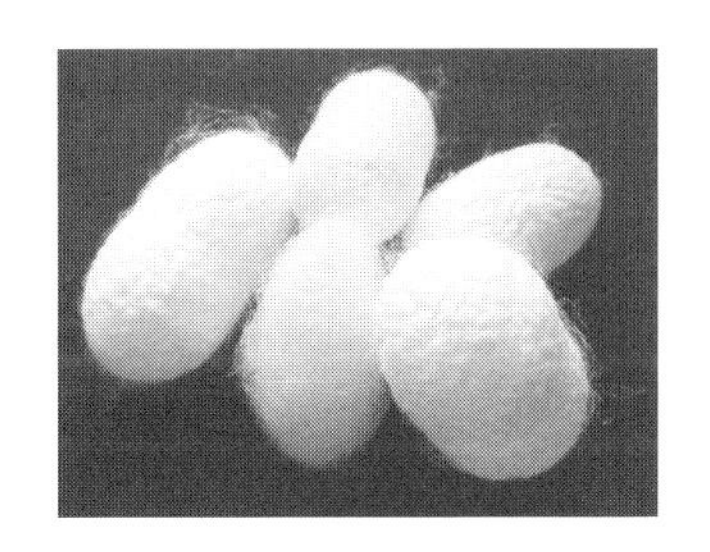

未知谷
Publisher Michitani

蚕の城

目次

第一章　風穴

第二章　蚕の明治維新

第三章　日本の遺伝学は蚕から始まった

蚕の城

明治近代産業の核

第一章　風穴

蚕日記1　長野の風穴

二〇一五年二月二十七日

遠く北にかすむ日本アルプスを背にして走る松本電鉄上高地線に乗った。終点の新島々（しんしましま）駅はアルプスの登り口で、シーズンには多くの登山客でいっぱいになる。そこから梓川沿いに八キロほど南西に走った所に「稲核（いねこき）」はあった。降りた所で、「今日は雪が少ないですね」と伴野先生は言った。それでも数センチの雪が残り、粉雪が舞っている。先生は、福岡市にある九州大学の「遺伝子資源開発研究センター」で、蚕の遺伝子の研究をしている。この日の目的は蚕の卵、これを蚕種（さんしゅ）と呼んでいるが、大学の蚕種を風穴（ふうけつ）に移すことだ。先生は、そのために福岡から丸一日をかけてやって来たのだった。

冒頭から聞き慣れない単語の連続に「この話は一体、何なんだ！」と読者は呆れていらっしゃるかもしれない。「かいこ」に「さんしゅ」に「ふうけつ」……、因みに蚕とは、絹

糸を吐く昆虫だが、それにまつわる言葉は、長い養蚕の歴史から生まれているので、専門的な用語が多く聞き慣れない。だが、成り立ちを聞けば、なるほどと納得する言葉ばかりで、やがて愛着が湧いてくるから不思議だ。例えば、蚕が卵を生みつける種紙（たねがみ）は、蚕が座る紙という意味で蚕座紙（さんざし）とも呼ばれる。「お蚕さまが座る」という表現には、なんともいえないユーモアを感じる。

こんな調子で少しずつ話を進めていきたいのだが、先ずは、ことの発端となる大学の説明から聞いて頂こう。

九州大学遺伝子資源開発研究センター

元々、大学がなぜ、蚕を飼っているのか。

九州大学では、一〇〇年前から蚕を飼育して、突然変異体を見つけ、その遺伝子を分析する研究を続けている。というのは、遺伝学は、先ず突然変異体を見つけることでスタート地点に立つからだ。蚕は突然変異体が多いので、遺伝子研究の資源に打ってつけの生物なのだ。遺伝子研究の資源生物といえば、マウスやショウジョウバエがすぐ頭に浮かぶけれど、数の多さと、扱いやすさ、これまでのデータの蓄積量を比較すると、蚕がダントツなのである。「昔、絹糸。今、遺伝子」

と蚕の世界は変貌している。

蚕日記2　掃立て

二〇一四年五月六日

日記を一年前に戻そう。私が、「ふうけつ」という言葉を聞いたのは、一年前の五月六日だった。蚕を飼っている大学では、この日を「掃立（はきた）て」と呼んでいる。孵化し始めた蚕に、桑の葉を食べさせる「お食い初め」みたいな記念日である。大学の敷地に広がる桑畑が新緑に萌える季節、蚕の種から出て来た生まれたての赤ちゃんが、小さく刻まれた桑の葉をまさぐる様子は、流石に新鮮な感動に満ちている。

蚕の卵がびっしりと産みつけられている種紙を、鳥の羽箒（はねぼうき）で、そーっと掃きおろし、孵化したての蚕を桑の葉が置かれたパラフィン紙に移すので、「掃立て」というそうだ。因みに、種から出て来た蚕はまるで蟻のように小さいので、これを音読みにして「ぎさん（蟻蚕）」と呼んでいる。またまた、聞きなれない用語の連発ですみません。

和名	カイコガ
英名	Silkworm
学名	Bombyxmori
分類	節足動物門　昆虫綱　鱗翅目 カイコガ科
分布	野外には生息しない。祖先種と考えられているクワコは中国、日本、極東ロシア、朝鮮半島の亜熱帯から亜寒帯に生息
生息環境	25度から30度が快適
体重	3ｇ、7cm（最終齢の幼虫）卵から生
体長	まれたばかりの幼虫の1万倍の体重
寿命	45から60日（25から30℃飼育）
主食	桑葉（人工飼料も開発されている）
愛称	おかいこさま、おこさま、おかいこ
その他	蛹は佃煮や素揚げにして食されることもある。

カイコのプロフィール（九州大学提供）

左・蜂蚕　右・掃立て

では、ここで蚕のプロフィールを紹介しておこう。蚕は、カイコガ科に属する絹糸を吐く昆虫で、繭を作る。

大学の仕事始めの日におじゃました私は、先生から、蚕の種を長野の風穴に保存しているという話を聞いた。そこで、「先生、『ふうけつ』ってなんですか」と尋ねると、次の様に教えてくれた。

「風穴は、言ってみれば、天然の冷蔵庫です。大学では蚕の種を冷蔵庫に保存しているのですが、一部の蚕種は、長野県にある風穴に入れておくのです。昔、冷蔵庫のない時代に冷蔵庫として使っていたものです。大学の冷蔵庫が停電したときの事故に備えてリスク分散のために、風穴に移動して保存しているんです」

でも、なぜ蚕の種を冷蔵保存するのだろう？

蚕日記3　風穴の本家本元

再び二〇一五年二月二十七日

という訳で、十ヶ月後の二月、長野県にある風穴を訪ねたのだった。風穴は、松本から上高地へ向う「あずさ街道」を下った稲核という所にある。

稲核とは、稲の種という意味で、村落が籾の形に似ているからではないかといわれている。そうだとすれば、蚕の種を預かる地名にふさわしい。

風穴は、白壁の土蔵の中にあった。暗い室の中を見まわすと壁は石積みになっている。かなり寒いのだけれど、二月なので外気温も冷たく、それほどとは感じなかった。先生は「五度ですね」と温度計を確かめながら、そこに蚕種を入れ込んだ。特注の木製ケースに短冊状の種紙が収められていく。

これが稲核でも有名な前田家風穴だ。風穴の年間平均温度は摂氏五度前後で冷蔵庫とほぼ同じだ。福岡から運ばれた蚕種はここで六月までを過ごす。

風穴に詳しい清水長正氏によると、「風穴とは、高低差のあるトンネル状の空隙を空気

前田家

が低い方へ移流し冷却され、下方の穴から冷風を噴き出す現象」である。＊高低差のあるトンネル状の下の方の穴から冷風が噴き出るので、冷蔵庫の様な役割を果たすという訳だ。元々自然発生的に出来たものなので昔からあったのだが、明治に入って、風穴を利用した蚕種の冷蔵保存が始まり爆発的に広がった。明治から昭和初期にかけての最盛期には全国に三〇〇近くあったそうだが、現在では、ほとんど放置されている。では、なぜ、蚕の種を冷蔵したのか。それを知るために、前田家風穴の歴史をたどることにしよう。なんといっても、蚕種冷蔵保存の本家本元なのだから。

＊ 風穴については『日本の風穴』（二〇一五、古今書院）に詳しい。

風穴に蚕種を入れる

蚕日記4　前田家の歴史

先ず、伴野先生が語ってくれた前田家風穴の歴史に耳を傾けてみよう。

「今から遡ること約一五〇年前の慶応年間の頃ですかね……長野県安曇村に前田喜三郎（まえだきさぶろう）という人がいて、その人が持つ風穴に、蚕種を入れたのが始まりとされています。何のために冷蔵保存をしたかというと、蚕の孵化を遅らせるためです」

蚕の一生（九州大学提供）

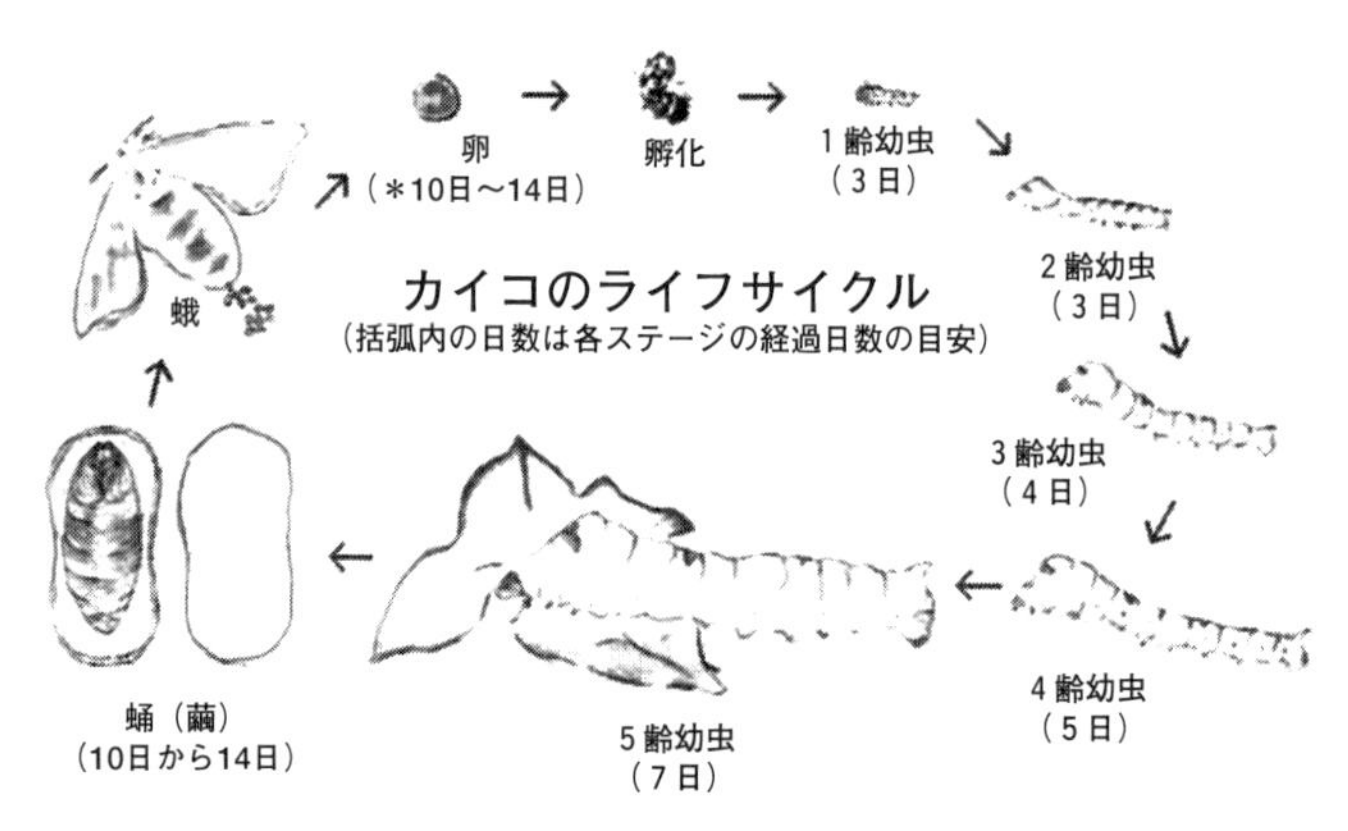

＊カイコは卵で休眠をするが、遺伝的非休眠卵、あるいは
人工的に浸酸処理などで非休眠化すると10日～14日で孵化する。

先生の最後の言葉、「蚕の孵化を遅らせる」が、冷蔵保存のキーワードである。

これを理解するには、先ず、蚕の一生を知らなくてはならない。

蚕は春に孵化して、幼虫になり、繭を作る。そして、蛹が蛾になり、卵を生む。約五〇日のサイクルだ。この種を一年間保存して、また春を迎え、蚕の種が孵化する……のくり返しである。一年に一回孵化するので、これを一化性蚕（いっかせいかいこ）と呼ぶ。

風穴保存は、暖かくなると孵化する蚕の生理を、冷蔵することで押さえるという出産調整の方法だ。暖かくなっても、「まだまだ寒いですよ」と孵化を遅らせ、都合のいい時に風穴から出して孵化させる……人聞きは悪いけれど、蚕をだます人間の知恵である。

それによって、今までは年に一回だった養蚕が、年に二回あるいは三回出来る様になり、養蚕農家の収入が二倍、三倍……、それ以上に増えて、風穴は大人気になった。

これが、俗にいう「風穴種（ふうけつしゅ）」誕生のあらましである。

安曇の地方史誌には、起源について諸説の記載があるが、その一つを紹介してみる。

「元々、風穴は、崖錐（がんすい）*や岩塊（がんかい）斜面などにあるので、崩落する恐れがある。そこで、危険防止のために、穴の周りに石を積んで壁を作り、屋根もつけて小屋状にした」。正に冷蔵庫だ。

* 急な崖下に積もった岩屑からできる地形

「そこに漬物などの食料品を保存して、これを風穴（かざな）と呼んでいた（一七〇四～一一年の宝永年間）。それから時を経た文久年間（一八六一～六三年）に、長野県東筑摩郡和田村の人が、ある春蚕を飼育して空前の好結果を生み、来年もこの蚕の種で養蚕しようとしたが、孵化を遅らせる方法がわからなかった。これを聞いた地主の前田喜三郎が『自分の家の裏にある漬物小屋の風穴（かざな）に、この蚕種を保存すれば、蚕種の生理を一時的に抑制できるのではないか』というので、試したところ、同じ様な好成績を得られ、大いに喜んだ。これが、風穴保存の始まりである」

この時から、漬物用の「かざな」は蚕種用の「ふうけつ」と呼ばれるようになった。

蚕の風穴保存はたちまち評判になり、養蚕家は競って、風穴に蚕種を預けたそうである。因みに、本家本元の前田家は風穴蔵の地下と二階にも蚕種室を作り、三階建てにしつらえて全国からの注文をさばいた。種紙を一〇〇万枚近く預かり、現在の金額で約二億八千万円を手にしたというからすごい。

とにかく、風穴の登場で、養蚕は自然の手から人間の手に委ねられた。その意義は大きいと伴野先生は力を込める。

「時代的に言うと、風穴というのが画期的なものだったんです。それまでは、そういう事がなかったので、自然に任せて、春になったら孵化して来たのを受け身的に飼育した。ところが、風穴という冷蔵施設を使うと、発育をコントロールできる。思う通りに調節できる。だから、今の大学と同じですね。とにかく文化的なものですね、当時の人にとっては」

前田家の当時の繁栄ぶりを示すこんなエピソードが「安曇村誌」に残されている。

明治期には、全国の養蚕農家から郵送で蚕種を受け取って、一定期間冷蔵後、郵送で返すという方法をとっていた。当時は前田家の敷地の母屋の前に稲核郵便局があったが、最盛期の八月、九月には、一日の発着数が松本郵便局よりも多かった。

左・手紙の日付　右・依頼状の束

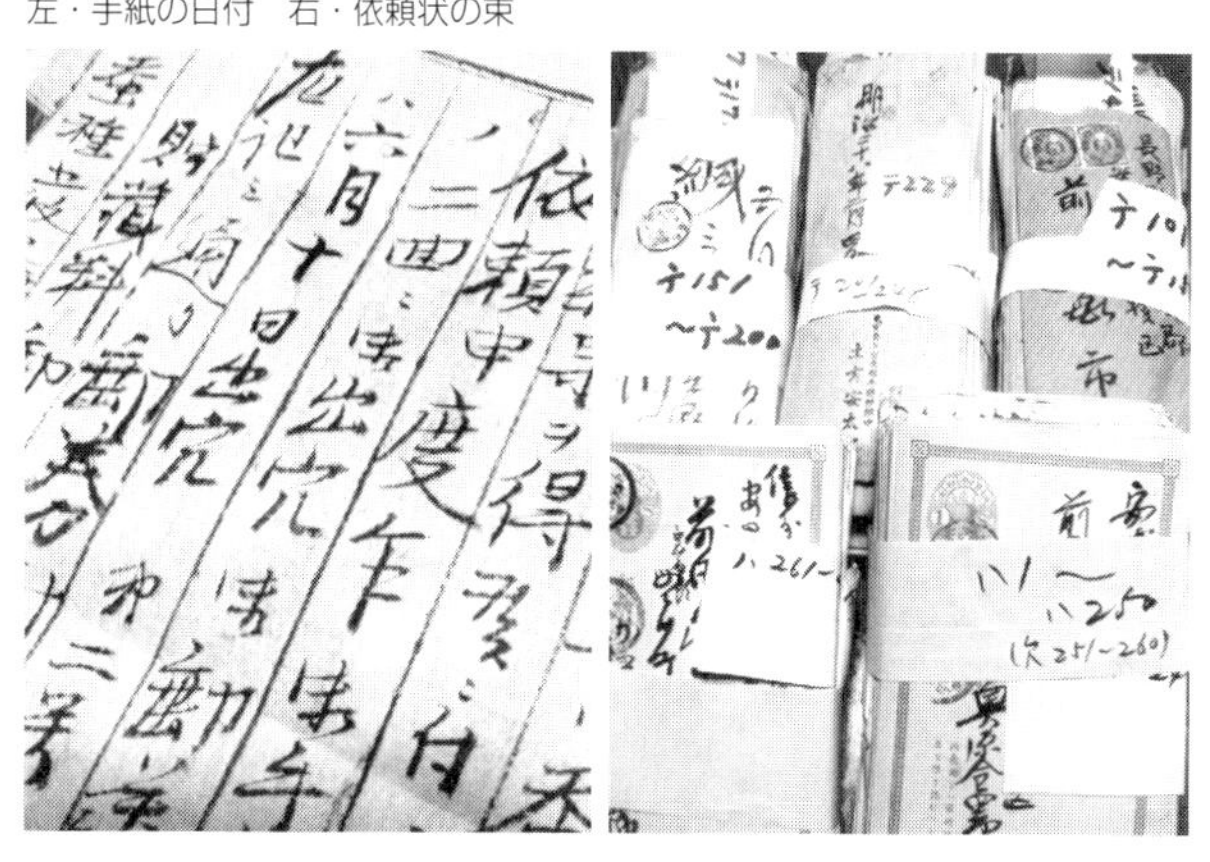

人里離れた安曇村稲核の方が、長野の大都会だった松本市を凌いだというのだから、どれほどの繁盛ぶりだったかが窺える。前田家には、蚕種を預かってほしいという依頼状が今も残されている。

山と積まれた依頼状を見せて下さったのは、前田家一七代目当主の前田英一郎、真寿美さん夫妻。話を伺えば、母屋の前にあった郵便局は昔からあった訳ではなく、蚕種のために新設されたというのだ。明治から大正の最盛期には、松本から蚕種を積んだ荷馬車が往来し、街道は大変なにぎわいだったという。残されている依頼状の中から、幾つかを見せて頂いた。依頼主は東京、愛知、紀州など全国に及んでいる。見事な達筆ばかりで、恥ずかしながら読めない個所もあるのだけれど、「ここが大事ですよ」と先生が指さしたのは日付けだった。その一枚。依頼日は二月四日。差出人は東京西多摩の土方という種屋さんで六月十日と七月十五日の二回に分けて出穴してほしいと書いてある。

「二月四日というのは、東京でも寒い。寒いから種は出てこない。でも、三月になると、暖かくなって出て来ちゃう。だから、二月に前田さんの所に送って、『一番いい時に風穴に入れて下さい』と書いてある。それは大体三月の十日頃。年によって暑い時、寒い時あるから、前田家で判断して下さいということですよ。そして、六月十日と七月十五日の二回に分けて穴から出して、返送してほしいと書いてある」

先生の話を聞きながら、奥さんが説明を加えた。

「だから、大変だったんですよ。当時はミカン箱みたいな形の木箱に、日にち別に入れて混ざらないように、風穴に入れていたんですから」

評判を聞いて、それまではほとんど使われていなかった風穴を持つ全国の地主たちは、我も我もと競って蚕種を預かり、大いに儲かった。ついには「風穴業」と呼ばれる商売にまで発展した。

蚕日記5　先生のふるさと

では、二十一世紀の現在、九州大学の蚕をどうして風穴に保存する様になったのか。それは意外にも、3・11東日本大震災がきっかけだった。それまで大学では、全部の蚕種を冷蔵庫に保存して来た。しかし、災害による停電などで種が途絶えるリスクを避けるために、風穴保存に踏み切ったのだ。東日本大震災は、蚕種にも影響を及ぼした。風穴への保存は、伴野先生の英断だった。きっかけは、三〇年以上前に見たビデオである。

「昔、日本蚕糸学会の先生たちが中心になって、蚕の技術体系をまとめたビデオを作ったんですよ。それを見たことがあるんです。そこに、『昔は風穴に蚕種を保存していた』とあって、稲核が出て来た。それを大学の時に見ていたんです。そのビデオに出て来たのが、稲核の前田家風穴なんです。それを思い出して……、稲核の前田家風穴が蚕業を発展させた元祖であれば、間違いないと思ったんです」

それでも、現役の風穴はまだ他にも残っている。大切な種を保存する風穴の選択に、迷いはなかったのだろうか。先生は言葉を続けた。

「それはねー、長野であるという事もあったし、風穴が、秋蚕という日本の新たな蚕糸技術を作ったというのは知っていたので、これに依って生産性が上がったという所には魅力的なものを感じたし……、人間の勘ですよ。でも、不安はあったんです」

まるで、蚕の糸に導かれるように、先生は長野の風穴に導かれたのだろうか。しかし、理由はそれだけではなかった。先生の故郷は長野県南安曇で、前田家風穴までは一五キロの距離だ。地の利もあったし、気候風土も知っていた。それまでは風穴を見たこともなかったそうだが、昔の歴史と自分に近いという感覚が、風穴保存を決断させた。三〇年も前に見たビデオの映像と故郷の風土……、とても偶然とは思えない。やはり、蚕の糸が結んだ不思議なつながりである。

ここで改めて、伴野先生のふるさとを紹介しよう。なんと言っても、先生は、この物語の道案内人なのだから。

伴野豊先生は一九五七年、木曽の御嶽山のふもとで生まれた。昨年（二〇一四年）大噴火したあの山だ。父親が高校教師だったので、少年時代は転校が多く長野県内の各地をまわった。だから、長野の風土に精通している。

長野といえば、日本アルプスに囲まれた山岳地帯だ。高校時代は、ミヤマシロチョウという高山蝶に夢中になった。やがて蝶の研究に憧れて信州大学に入り、蚕に巡り会った。とにかく、昆虫が好きだった（蚕はもちろん昆虫だ）。それから大学で蚕糸学を学び、後に、蚕研究のメッカである九州大学の大学院に進んだ。これが、先生の運命を決定づけた。以来、蚕一筋の人生を歩んでいる。

伴野先生

横道にそれるけれど、先生の研究室の机を見て驚いたことがある。実に整然と資料が並べられているのだ。ごみはもちろん、埃ひとつない清潔さ。夏場はほとんどの窓が開けられ、エアコンは使われていない。風が循環しているので涼しい。まるで、風穴のようだ。

先ほど、九州大学は蚕研究のメッカという表現を使ったが、決してオーバーではない。なにしろ、当時、九州大学農学部の学生たちの間では、「ここは、一〇〇年続く蚕の研究で世界一だ」と評判だったというのだから。九州大学は所謂、旧帝大で、一〇四年の歴史（一九一一年創立）を持つ有名校である。地元では憧れと親しみの念から、九州大学を略して「九大（きゅうだい）」と呼んでいる。そんな有名大学のステイタスの一つに、蚕が鎮座していた。

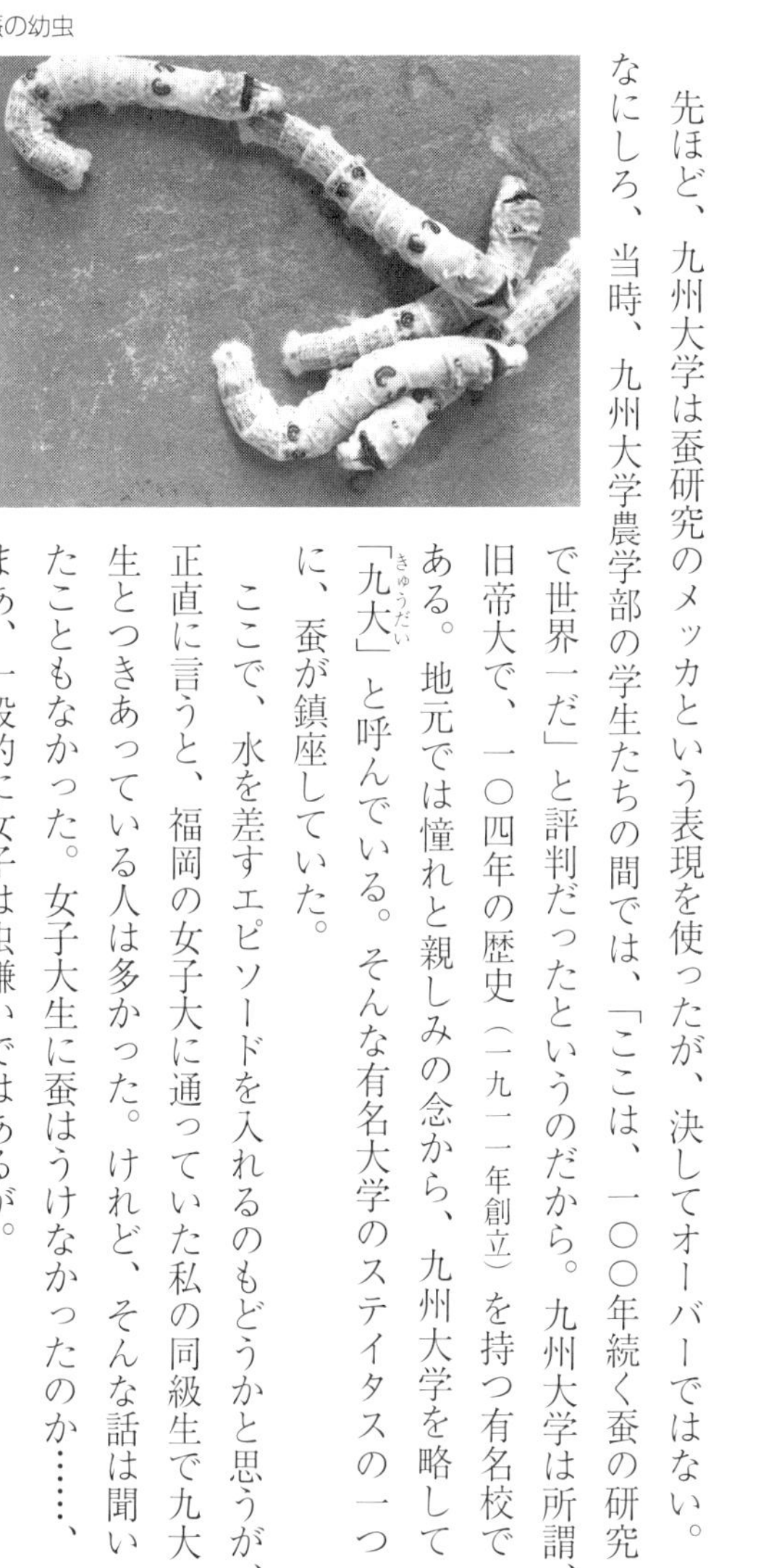
蚕の幼虫

ここで、水を差すエピソードを入れるのもどうかと思うが、正直に言うと、福岡の女子大に通っていた私の同級生で九大生とつきあっている人は多かった。けれど、そんな話は聞いたこともなかった。女子大生に蚕はうけなかったのか……、まあ、一般的に女子は虫嫌いではあるが。

蚕日記6　**選抜種**

話が又々横道にそれてしまったが、大学では一体、どれだけの蚕を飼っているのだろうか。二〇一四年現在、世界の九五パーセントを占める八〇〇系統の遺伝子突然変異体を保存している。一系統が四五蛾、一蛾は約四〇〇の卵を生むので、単純に計算しても一四四〇万という数になる。膨大な数字だが、遺伝子研究者にとっては、八〇〇という系統が命なのだ。系統とは血筋だから、一世代でも血を絶やしてはならない。これは、夏目漱石の血筋、これは二宮金次郎の血筋、これは野口英世の血筋……と、家系図が明確でなくてはいけない。例え、その内の一人でも、血筋が絶えることがあってはならないのだ。

だから、リスク分散のために、風穴保存という方法が採られた。3・11東日本大震災による蚕種のリスクヘッジは風穴だった。

風穴保存されているのは、系統が途絶えると一大事になる「選抜種」五〇〇系統である。これらは、長い人間の歴史、自然の風土の中で生まれたもので、再生することはできない。他の追随を許さない数と高いクオリティ。ここに、世界一のストックセンターのプライドがある。

ところで、風穴に保存した蚕の種は、冷蔵庫に比べてどうなのだろうか。先生に尋ねると、「これがいいんですよ」と、弾む様な返事が返って来た。

「風穴の方が、冷蔵庫よりいい。湿度があるから。一〇〇%近い湿度。種は生き物ですから、水分が多い方がいい（卵の中には水が入っている）。それに、雑菌が少ない。地下から絶えず風が噴き出しているので、空気が循環して良いんです。冷蔵庫だと雑菌があって、カビが生えますよね、卵の表面に。だから、大学では、定期的に除菌する。ホルマリンで卵の表面をふいてあげるんです。栄養があるから、カビがはえるでしょ。それを消毒するんです。注射する時に、アルコールでふきますよね。あれと同じ様に、卵のカビを取る。年に二回くらいとるんです。でも、風穴はそれがないので、孵化する率が高いんです。いい保存方法です。大正解でした」

目から鱗の結果ではないか。冷蔵庫での保存より、風穴の自然保存の方が優れているなんて！　文明は、自然には勝てないのだろうか。風穴の底力、畏るべし！

さらに、先生はこう付け加えた。

「五〇〇系統と言うのは、五〇年以上保存している非常に古い歴史があるコアとなる蚕です。失えば、二度とつくれない。私は、これを〝コアコレクション〟と呼んでいます」

「選抜された五〇〇系統の純血種を決して失うことは出来ない」。コアコレクションは、文字通り、大学の遺伝子研究の精神の中核をなしている。

蚕日記7　**蚕が結ぶ糸**

話を風穴に戻そう。

風穴であれば、どんなものでもいいという訳ではないらしい。風穴にも、「いい風穴」と「悪い風穴」があるそうだ。何しろ、明治に入ると蚕種業者が風穴に殺到したので、業者の中には、ずさんな管理をする者が出て来た。ついには、「にせ風穴」まで現れたというから人間の欲とはあさましい。そこで、長野県では明治三九年に、「風穴取締まり規則」を定めている。規則の幾つかを掲げてみよう。

一、蚕種の容器を設置する棚を設ける
二、外部を亜鉛板で包装した二重式の容器に委託蚕種を貯蔵し、蚕種相互の間隔は曲尺二分五厘以上（約7ミリメートル）とすること
三、風穴には屋根の厚さ一尺五寸（49・5センチ）以上の茅葺または中間の厚さ一尺五寸以上の鋸屑を充填した二重板葺とすること

など、実に細かい決まりがあった。

しかし、数ある風穴の中で、大学が稲核前田家の風穴を選んだのは、伴野先生が言った「実績と伝統」からである。いってみれば、由緒正しい血筋の風穴が選ばれた訳だ。

そして、もう一つの要因を見逃すことはできない。それは、九州大学で蚕の遺伝子研究の礎を築き、突然変異体の系統保存を確立した人物、田中義麿（たなかよしまろ）博士の故郷が長野という事実である。博士の功績については章を改めて詳しく述べるが、蚕研究のビッグスターは、前田家風穴に近い塩尻市で生まれている。父親は蚕種業を営んでいたというから、もうこれは偶然ではない。前田家風穴をはさんだ蚕種のトライアングル……。

養蚕が盛んだった長野の歴史が、蚕研究の種をまいていたのだ。種は芽を出し、やがて遺伝子研究へと成長した。そして、蚕の吐く糸は長野から福岡へと一〇〇〇キロメートルの距離をつなぐことになる。

第二章　蚕の明治維新

蚕日記8　世界遺産の風穴

二〇一五年四月二十四日

「風穴もたいしたものだ」と驚いたのは、世界遺産の風穴が現れたからだ。

伴野先生から「風穴」の存在を教えてもらった一ヶ月半後の二〇一四年六月二十五日、富岡製糸場が世界遺産に登録され、注目を浴びた。その時、製糸場と共に「絹産業遺産群」の一つとして登録されたのが、「荒船風穴」だ。

場所は、群馬県下仁田町（しもにたまち）……、と聞けば、「ああ、あの大臣騒動の」と思い出される方も多いかもしれない。しかし、それとは全く関係なく、風穴は実に堂々とした姿を残している。

ただし、山の中なのでチョッと遠い。先ず、ＪＲ高崎駅から上信電鉄に乗り、西へ三五

群馬

●荒船風穴

キロメートル。富岡製糸場のある上州富岡駅を過ぎるとまもなく終点の下仁田駅だ。そこからはタクシーを利用したが、これからが遠かった。標高八七〇メートルまでの山道を登るのだが、途中で「アッ」と運転手さんが声を出した。崖から石が落ちてきそうになったのだ。危ない、危ない。聞けば、この辺りは落石の多い所で、「落石注意」の表示板が数メートルおきに立てられている。だが、この落石が風穴を形成したのだ。群馬県と長野県の県境にある物見山（標高一三七五メートル）の東にある俗称風穴山（九八四メートル）の麓に広がる崩落堆積層を利用して、沢下の石だまりに荒船風穴は作られた。穴は三基あり、上から一号、二号、三号と区切られている。三つは並んでいて、全長あわせると約四〇メートル、幅は四メートルから五メートルと次第に広がっていく。深さは共に五メートル。崩落して下溜まりした岩石を掘り下げているので、周囲は石に囲まれた格好だ。がっしりとした作りである。訪れた日は、晴天で外気温は二二度。初夏の陽気だったが、緑の山並みを背景に、桜や桃がまだ咲き誇っていた。それに、風が吹き渡って涼しい。

荒船風穴

現地には、世界遺産に指定された理由がこんな風に書かれていた。

荒船風穴は、明治三八年、地元の養蚕農家の庭屋静太郎により建設された蚕種貯蔵施設です。長野県を発祥とする天然の冷風を利用した、風穴事業を研究し、日本で最大規模を誇る貯蔵施設として運営され、日本全国を相手に事業を展開しました。現在でも操業当時と変わらぬ冷風環境が維持され、肌を通じて史跡を体感することが出来る珍しい史跡です。

解説文の「長野県を発祥とする天然の冷風を利用した風穴技術を研究し、……」とあるのは、風穴の元祖「稲核風穴」のことだろう。それにしても、群馬の風穴の歴史は明治後期からで、かなり遅い。日本でもトップクラスの養蚕地が、稲核に遅れること約四〇年である。明治に入ると、まるで火がついた様に風穴ブームが起こったというのに、なぜだろう……。

理由はこうだ。群馬の養蚕農家は、家で育てた蚕の繭を自分たちの手で糸にする養蚕生糸農家だった。だから、農閑期も糸作りで忙しく、年に一度の春蚕だけで手一杯だったのだ。風穴に保存して孵化を遅らせ、年に二回以上も蚕を飼う人手がなかったからだと考えられる。

そしてもう一つ、蚕種の一大生産地、〝島村〟の歩みをなぞっていくうちに、群馬の風穴業が遅れた理由に思い至った。それは、〝島村〟の波乱に満ちた養蚕ヒストリーに秘められている。

蚕日記9　蚕の種イタリアへ

群馬県伊勢崎市島村は、群馬県と埼玉県の境にあり、村の真中を利根川が流れている。川は、丁度、島村のあたりで分流し、今も渡し船が健在だ。川の飛び地に広がる農家一帯は養蚕が盛んで、富岡製糸場や荒船と共に「絹産業遺産群」として世界遺産に登録された。

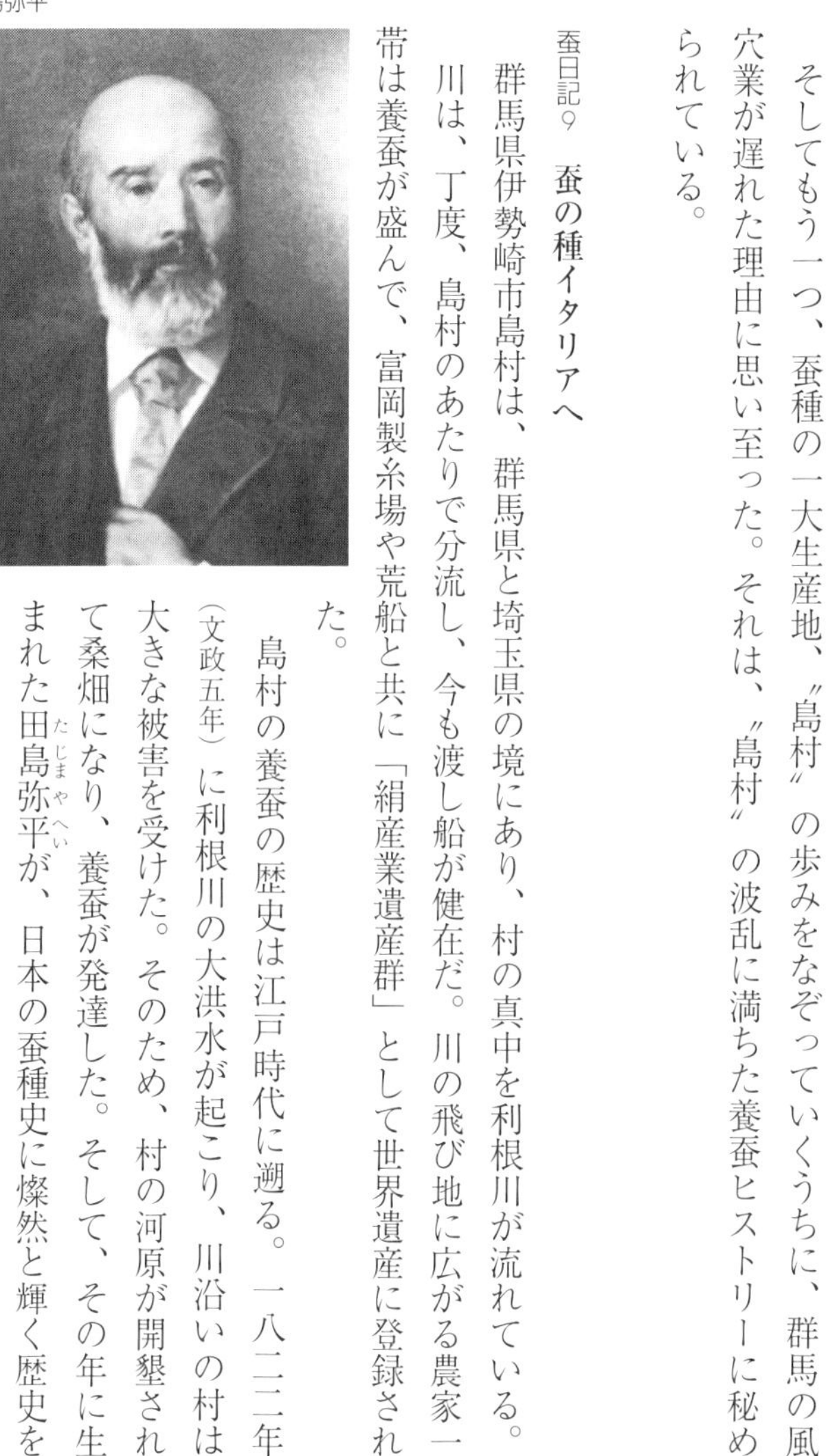
田島弥平

島村の養蚕の歴史は江戸時代に遡る。一八二二年（文政五年）に利根川の大洪水が起こり、川沿いの村は大きな被害を受けた。そのため、村の河原が開墾されて桑畑になり、養蚕が発達した。そして、その年に生まれた田島弥平（たじまやへい）が、日本の蚕種史に燦然と輝く歴史を刻む。

田島弥平の功績はスケールが大きすぎて、その全てを紹介することはできないが、なんといっても、五万枚の蚕種を携えてイタリアに渡り、直接販売したことだろう。それが一八七九年（明治一二年）というのだから、その勇気というか冒険心には驚嘆するしかない。正に、「蚕の明治維新」だ。

それまで国外持ち出し禁止だった蚕種が解禁され（一八六四年・元治元年）、ヨーロッパに盛んに輸出されるようになった。折しも、ヨーロッパでは「微粒子病」という蚕の病気が大流行し、蚕は全滅状態だった。そこで日本の蚕種は値上がりを続け、一枚三円から五円（現在に換算すると約五万円から八万円）という高値で取引されていた。横浜の港は、種を持ち込む業者で溢れ返った。そのため、値崩れを恐れた輸出商人たちが蚕種を焼き尽くし、数量を制限。これを無念に思った弥平たちは、輸出業者を通さずに、〝島村ブランド〟の種を直接外国で販売しようと会社を興したのだ。元々、島村の蚕種は品質が良いと海外でも評判で、トップクラスの値がついていた。因みに、村の大手の蚕種業者は、今の金額にして億に近い収入があったという。

橋本由子氏の『上州島村シルクロード蚕種づくりの人々』*には、主人公が夢中になって見つめるメスの産卵の様子が、「おしりをまわしながら、卵がかさならないようにおどるように産みつづけている。びっしり産みつけられた卵は、まっ黄色い宝石のようにかがやいていた……」と、掌中の珠として表現されている。島村の人達が、どれほど蚕を大切にしていたかが窺われる。そんな蚕種を燃やされたり、すりつぶされたりするのは、身を切られるより辛かったに違いない。手塩にかけて〝島村ブランド〟を育て上げたプライドが、イタリア直輸出を決断させたのだろう。それにしても、大胆な「蚕の明治維新」ではある。

＊『上州島村シルクロード蚕種づくりの人々』（二〇〇九年、ジュニアノンフィクション、銀の鈴社）

イタリア輸出用に作った登録商標（伊勢崎市提供）

蚕日記10　**清涼育**

功績は枚挙にいとまがないが、もう一つ挙げるとすれば、やはり「清涼育」という蚕の育て方だ。一口でいうと、蚕を自然のままに育てるという方法である。「なーんだ」と思ってしまうが、〝自然のまま〟というのが案外難しい。

蚕の飼育法となれば、伴野先生だ。説明を聞こう。

「蚕っていうのは換気を良くしてやることが大事です。具体的には、蚕が脱皮をして大きくなる時には、乾燥してあげたいんですよ。湿っていると病原菌が繁殖しやすいんですよ。

それから、最後に脱皮をする時、動かなくなった時は、乾燥してきれいな状態にしてやるんです。というのは、糸を吐く時には最後におしっこをたくさんするんですよ。繭を作り始めて、その少し薄い所からお尻を出して全部のおしっこを出すんです。それは本当に器用ですよ。それでその後は、全く出さずに繭を作るんです。乾燥した状態で作るためにね。『清涼育』はその時効果を発揮する訳ですよ。今の様に電気はないから、自然のエネルギーをうまく利用したというところかな」

蚕が繭を作る時の様子を何度か見たことがあるけれど、それは美しい。少しずつ少しずつ糸を吐きながら繭を作っていき、自分はその中に姿を隠す。生命の神秘を目の当たりにする瞬間だ。

乾燥した上質の繭を作るため、弥平は納屋を改造して二階建ての蚕室とし、換気のための窓を屋根に据え付けた。蚕が吐く息を外に出して、健全な呼吸を確保するための天窓だ。これを更に改良し、屋上棟の端から端までヤグラをつけ、換気を万全にして好成績を収めた。以来、〝島村ブランド〟が確立。先程のイタリア直輸出にまで結びつく。これを考案

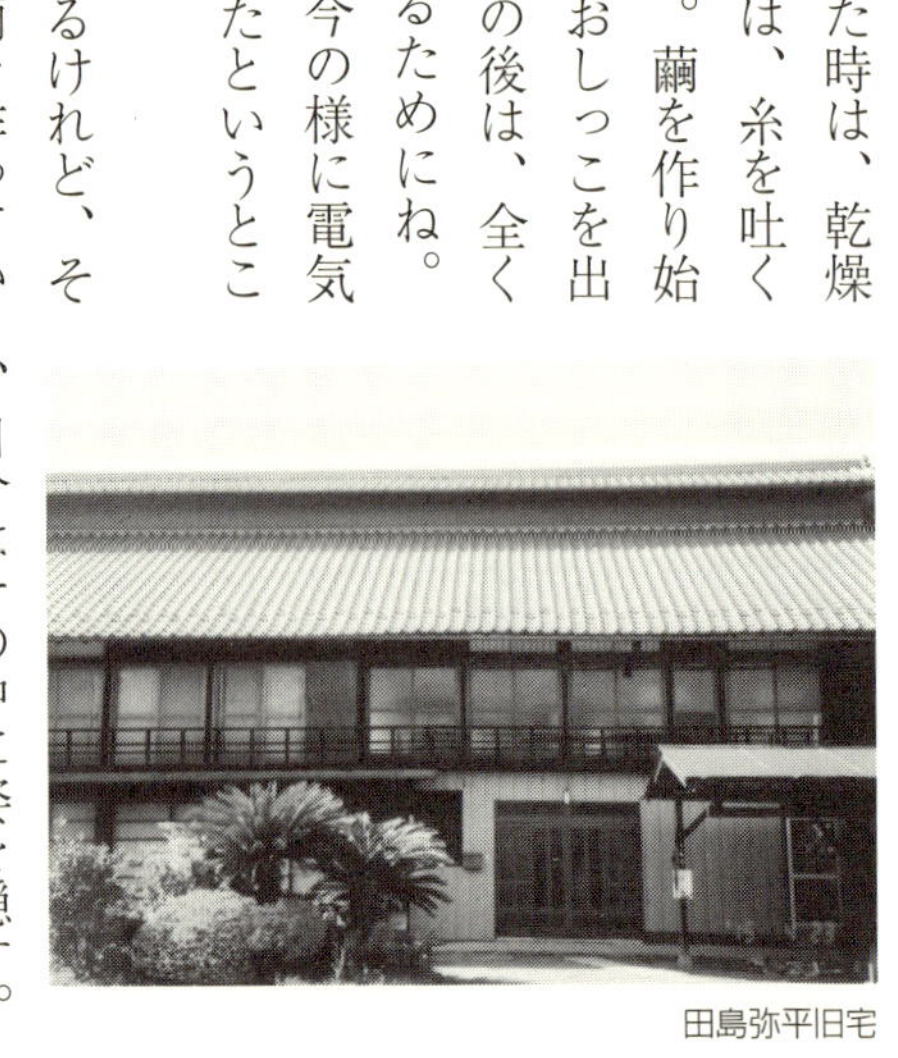

田島弥平旧宅

した田島弥平の蚕室を備えた自宅は世界遺産に登録されている。

ここで田島弥平の歴史を語り始めると、キリスト教や顕微鏡の話にまで及んでしまい、風穴の話に戻れなくなるのでこの辺で止めるが、イタリア直輸出の役割を果たした「島村勧業会社」は、後に「島村蚕種共同組合」となり、昭和六三年に解散した……、ということは、ほんの二七年前のことであり、決して昔話ではない。その気概は、この地に建てられた記念碑に刻まれている。

記念碑

利根川の清流に培われ三百年の伝統を誇りし島村蚕種の灯今ここに消ゆ。明治の初め全国に魁けて勧業会社を起し欧州に蚕種輸出を計りし祖先の雄図また空し。事業は人なり人の知は力なり。科学の進展は止まる処を知らず世情の変転亦一瞬の油断を許さず。常に時代の趨勢を把握洞察して対処を怠らざる事肝要なり。願わくば郷土の若人達よ一致協力産業の振興に努め再び島村の名を天下に轟かされん事を。

この碑文を書いたのは、田島弥平の弟、定邦の孫にあたる田島弥太郎（たじまやたろう）博士である。九州大学で蚕を学び、後に蚕の遺伝子研究に大きな功績を残す。やはり、島村と九大も蚕の糸でつながっていたのだ。

蚕日記11　風穴界の覇王

では、風穴に戻って、「荒船風穴」の話を続けよう。もう一度、現地の紹介文を思い出して頂きたい。「……肌を通じて史跡を体感することが出来る珍しい史跡です」

一号基の横穴に「冷風体験窓」と書いてあったので、手をかざしてみると確かに冷たい。二号基の穴下に置かれている温度計は一・六度。外気温とは二〇度の差がある。上から吹き出して来る風の冷たさは相当なものだ。蚕種貯蔵室の壁の石組みは、わざと隙間を大きく取るなど、冷気をうまく取り込める工夫がなされている。上屋は取り壊されているが、屋根をつけた当時の蚕種貯蔵所は地下、一階、二階の三層作りになっていた。そこを冷風が循環するのだから、巨大な冷蔵庫という訳だ。

成り立ちについては、【明治三八年、地元の養蚕農家の庭屋静太郎により建設された蚕種貯蔵施設です……】とある様に、一九〇五年（明治三八年）と遅い。

吹き出る冷風

群馬での風穴建設が遅れた理由には、養蚕製糸農家が多く、年一回の飼育で手一杯だった事に加え、華麗な蚕種ヒストリーに彩られた歴史も加わっていた。しかし、蚕種輸出も下火になった明治二〇年代になると、群馬の風穴事業が本格化し始める。その立役者が地元名士の庭屋清太郎（にわやせいたろう）である。庭屋は、群馬下仁田地区の蚕業家だった。大層な資産家で、息子の千壽が風穴作りを提案すると、当時のお金で五〇〇〇円（現在に換算して七〇〇〇万円以上）をポンと出し、日本最大規模の風穴を作っている。

遅れた分、施設は当時の英知を集めて本格的に作られた。東京蚕業講習所所長の本多岩次郎、群馬県蚕糸業界の重鎮である高山社蚕業学校長の町田菊次郎、群馬県農業試験場長の佐々木林太郎、前橋測候所長の赤井敬三という一流のラインナップである。

先進地「稲核」を中心に長野の風穴を何度も踏査し、これを参考に最新の技術が投入された。施設は管理棟と蚕種貯蔵風穴が別棟になっていて、冷気が噴き出す谷筋に沿って三基の大規模な石囲い覆屋が数十メートルにわたって立ち並ぶ。種紙総計一一〇万枚を貯蔵できる巨大施設で、日本全国から蚕種が持ち込まれた。遅れはしたが、明治後期から昭和初めにかけて迎えた養蚕全盛期に時宜を得て、「荒船風穴」は大いに儲かった。

もう一つ触れておきたいのが、荒船は、「生理的順温出穴」方式に対応した貯蔵所だったということだ。これについても、やはり伴野先生に解説をお願いしよう。

「その用語は良く知りませんが……」に始まった説明は、グラフを使っての蚕種の温度管理に及んだ。ちょっと詳しくなるが、「春採り蚕種の保護図」グラフをなぞりながら読んで頂きたい。

「それはやっぱり、自然に近い形で飼育したいというのがあるんですよ。山形県の新庄市に昔『原蚕糸試験場』というのがあったんですよ。これを見て下さい（グラフ）。ここで卵を採ったのが七月一日で、その時は自然温度で二五度。それから四〇～五〇日たつとその次が二〇度、言ってみれば生理的順応ですね。それから自然温度に任せる。ずーっと行って、三月下旬頃、摂氏五度に上げて四から五日。一〇度にして二日。それを四から五日かけて一五度に上げる。これを『中間手入れ』と呼んでいますが、それからまた、計画的に下げていって二・五度にして冷蔵庫に保存する。ここからはいつでも、種は出庫可能なんです。結局、蚕というのは三ヶ月ほどの冷蔵期間がないと、孵化して来ないようになっ

「春採り蚕種の保護」グラフ

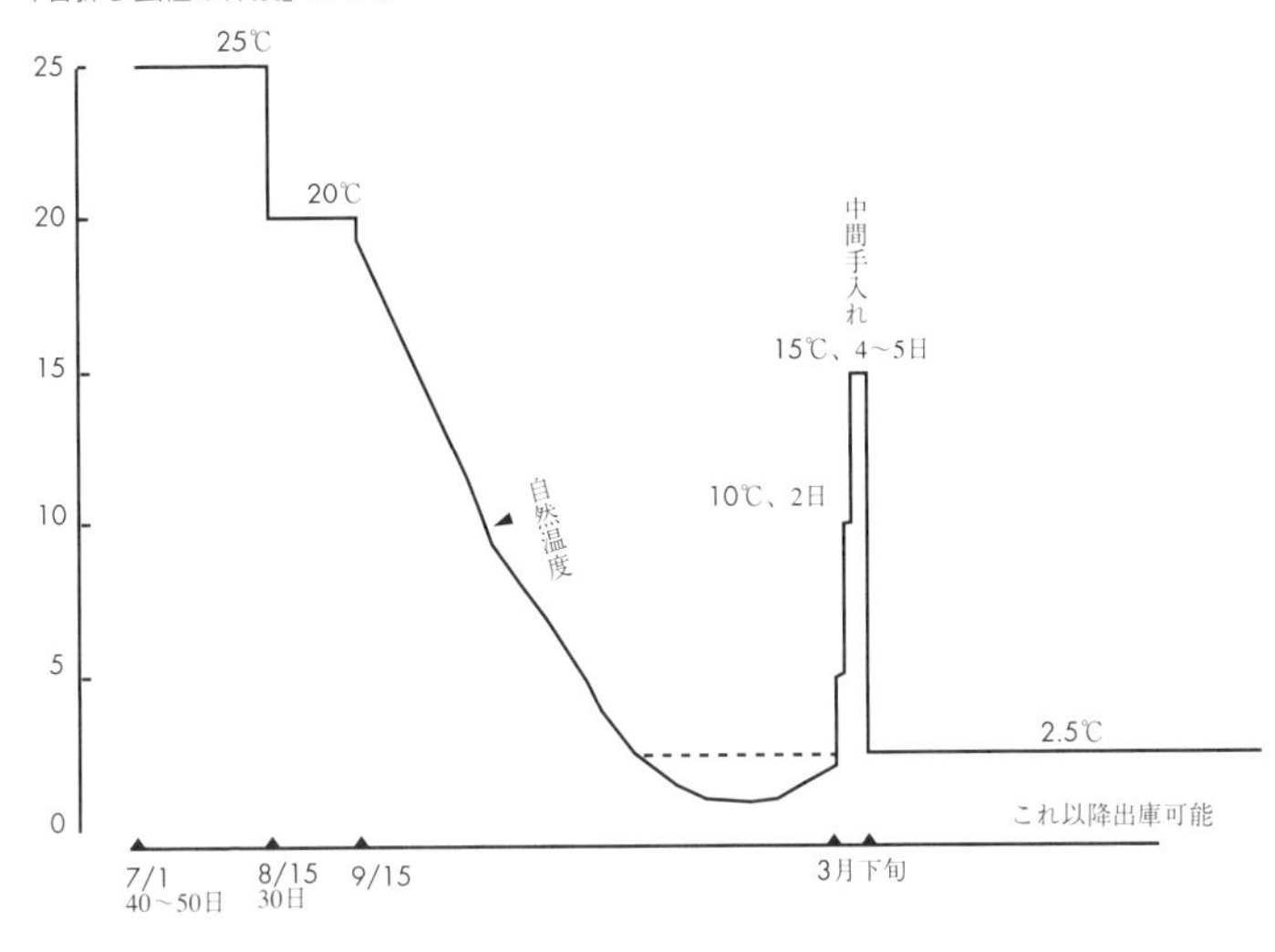

ているんですよ。なので、こういう自然温度という所を通すのが昔からのやりかたなんですね。だから、荒船風穴は、風穴自体が五度のところ、一〇度のところと温度が段階的になっているんです」

　こうすると、九九％の確率で孵化をそろえることが可能になるそうだ。なんとも奥が深い。人は蚕にこれだけの知恵を絞り手間をかけた。それを思うと、蚕の赤ちゃんが益々愛おしくなってしまう。

　先生の説明にあった様に、温度管理でも、荒船風穴は蚕の生理に精通した工夫がなされていた。三基それぞれの温度差を計算し、蚕種を外気温に合わせて移し替えていく。更に、地下、一階、二階と移動させていき、貯蔵所の棚を何列にも区切って、上下左右と実に細

明治42年の蚕種貯蔵の様子

かく管理した。山形の試験場に勝るとも劣らない温度調整を行っている。努力の甲斐あって、預かった蚕種は極めて良質、好結果だった。規模といい設備といい、「風穴界の覇王」と呼ばれたのもうなずける。

「富岡製糸場」を巡る絹産業遺産群を訪ねて感じたのは、群馬の人々のチャレンジ精神と堅実さだった。当時、イタリア・ミラノに会社を置き、直接蚕種を販売するなどとは、一体誰が想像できただろう。その先進性と実行力には舌を巻く。田島弥平旧宅案内役の町田さんは、そんな島村を、見事に説明してくれた。

「島村は他とは違っていたんですよ。とにかく教育に熱心で、新しいものを積極的に取り入れる進取の土地柄なんです。『知的自由』があったんです」

一方、風穴建設にあたっては、焦ることなくじっくりと構え、最新の技術を採用して最高のものを作り上げる手堅さ。世界遺産にふさわしいと納得してしまう。蚕の種はこうして明治維新を乗り切った。

第三章　日本の遺伝学は蚕から始まった

蚕日記12　天才の登場

明治維新を乗り切った蚕を待っていたのは、「遺伝学」だった。

それについて語る前に、世界の遺伝学の歴史をみておこう。「遺伝学」といえばすぐに、教科書で習ったエンドウ豆の「メンデルの法則」が思い浮かぶ。《つるつる豆》と《しわしわ豆》の親からは、子に《しわしわ》は現れないけれど、孫の代には3対1の割合で《しわしわ》があらわれるという例の法則だ。「メンデルの法則」は、一八六五年、現在のチェコ東部にあるモラヴィアの修道士だったグレゴール・ヨハン・メンデルが発見した遺伝の法則である。このメンデルの発見が、世界の「遺伝学」の始まりになった。これにより、遺伝は、親の形質が混じり合うのではなく、「遺伝子」という独立した単位で親から子へ伝えられることが証明された。そう、ＤＮＡだ。

あまりにも有名だが、「なんとなくしか覚えていない……」という方のために、優性の法則、分離の法則を簡単に図に示した。

しかし、世紀の大発見は三五年間埋もれたままだった。天才の仕事が認められないのは世の常だが、天才は必ず後世に評価されるものだ。メンデルの法則も同様で、再発見*されたのは、メンデルの死後一六年、発見から実に三五年後の一九〇〇年（明治三三年）のことだった。現在のＤＮＡ時代から遡って一〇〇年ちょっと前のことだと思うと、その間の遺伝学の怒濤の発展には改めて驚かされる。

＊「メンデルの法則」は、ド・フリース、コレンス、チェルマックの三人の科学者の独立した研究によって一九〇〇年再発見され世に出た。

メンデルの法則　エンドウマメ図
（イラスト　井田徳浩）

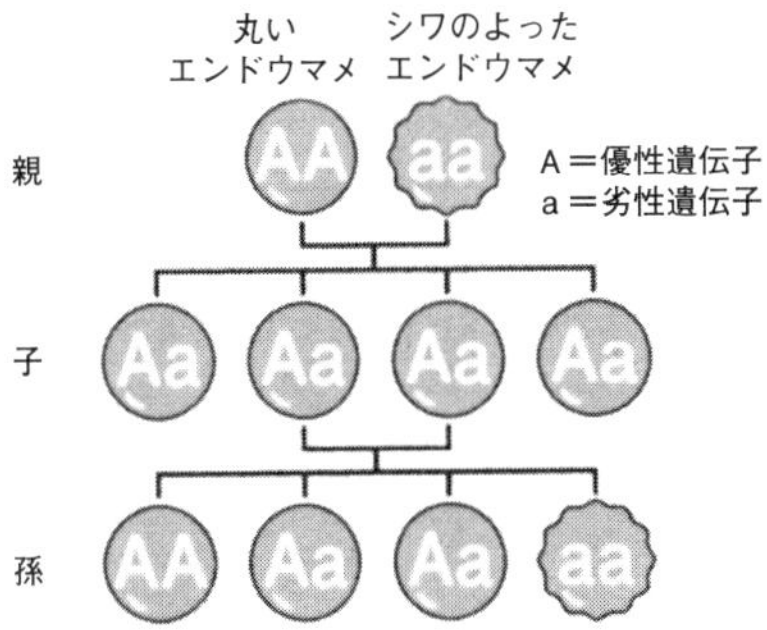

丸い エンドウマメ　シワのよった エンドウマメ
A＝優性遺伝子
a＝劣性遺伝子
親　AA　aa
子　Aa　Aa　Aa　Aa
孫　AA　Aa　Aa　aa

上の二種類のエンドウマメを交配すると、子の代ではすべて丸いものができるが、その子供どうしの交配で生じた孫の代では３対１の割合でシワのよったエンドウマメが生じる。

では、日本の遺伝学はどうだったのか。

養蚕界で、風穴業が全盛を迎えていた明治後期、蚕の世界に一人の天才が現れた。当時、気鋭の動物学者だった外山亀太郎（とやまかめたろう）である。一九〇六年（明治三九年）、外山は、蚕の遺伝に関する論文を発表した。タイトルは「昆虫の雑種研究　蚕の雑種とくにメンデルの遺伝法則について」。

外山亀太郎は、「メンデルの法則」が世に出てからわずか六年後に、その法則が植物だけでなく、動物でも成り立つことを証明した。その動物が、蚕だった。エンドウマメがカイコに化けたと思うと何だかおかしいが、これが大発見だった。

「メンデルの法則」が植物だけではなく、動物にもあてはまるかどうかということは、当時の科学界で論議の的になっていた。ハツカネズミやショウジョウバエを使っての遺伝実験が始まったばかりの時期に、外山の論文は大きな驚きをもって迎えられた。メンデルの法則の再発見者の一人、チェルマックは世界の遺伝学者の一人として、外山の名を挙げている。現在でいえば、ノーベル賞級の大発見だったのだ。「エンドウマメがカイコに化けた」などとは、余りに畏れ多い。

ともかく、外山は、蚕の功績で世界の遺伝学に名を残した。

蚕日記13　蚕の顔

それでは、天才はどんな人物だったのか。数々の伝説に彩られた人柄を紹介してみよう。

外山は、一八六七年（慶応三年）、現在の神奈川県厚木市に生まれた。生家は代々庄屋を務める旧家で、当時は酒造業を営む裕福な家庭だった。小中一貫の地元エリート校で学び、一七歳で東京農林学校（後の東京帝国大学農科大学）に入学。ここで蚕と出会い、二十五歳で卒業した。卒業論文のテーマは、「蚕の精子生成の研究」。これが、実用とかけ離れているという理由で、教授会で物議をかもしたらしい。しかし、論文はドイツの学術誌に掲載されるほどレベルが高く、内外で評判になった。

その後、東京帝国大学農科大学の助手などを経て、二十九歳で福島県立蚕業学校の初代校長に就任したが、三年後には大学に戻り蚕の遺伝研究に本格的に取り組んでいる。

伝説になった彼の変人ぶりを一つ紹介しよう。

「飼っている蚕の顔を覚えなければダメだ。昨日の蚕は、今日はここにいるとわかるようにならなければいけない」と、大学の助手を叱り飛ばした。叱る声が余りに大きく激しかったので、外山の足音がすると、研究室の助手たちは逃げ出したという。人相ならわかるけれど、「蚕相」を見分けるのはチョッと……。

そう言えば、伴野先生と話していた時に、「蚕の顔って見分けられるものなんですかね」と軽い調子で尋ねてみた。すると、先生は「そのくらい良く見なさいっていうことですよ」と、奥から外山の著書を取り出

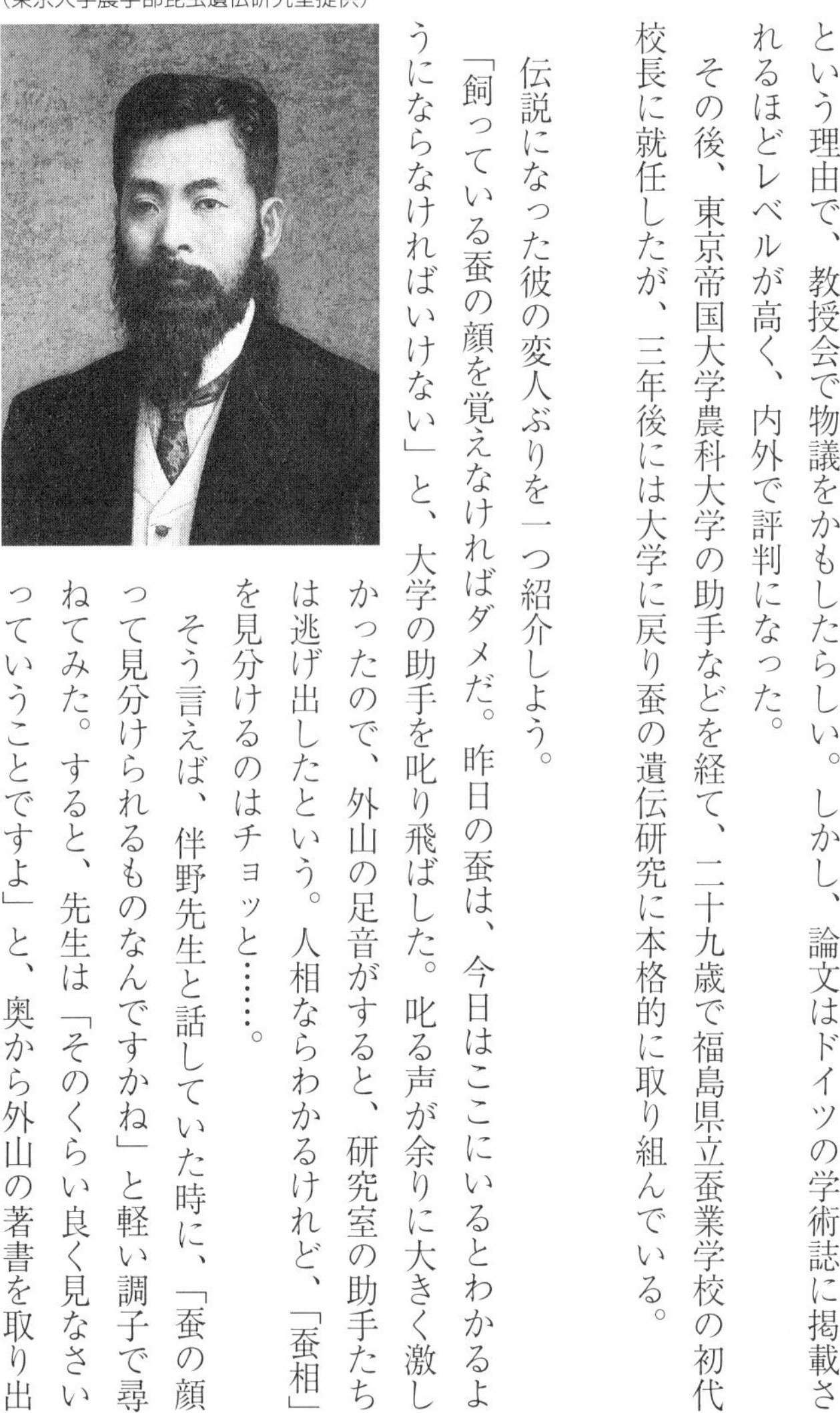

外山亀太郎
（東京大学農学部昆虫遺伝研究室提供）

してみえたので、恐縮した。それから数ページめくって、「ここに、『種類は同一性質か』というのがあって、これを読むと『蚕の顔がわかる』という意味ではなくて、蚕をちゃんと種類に分けなさいということだったと思うんです」と真面目な答が返って来たので、尚更恐縮した。

外山には、厳格で変った人との評判がある反面、こんなほほえましいエピソードも残されている。

思い出は、外山が東大で授業をしながら、蚕糸試験場で実験をしていた時代のことだ。

「大学における先生は、孤独な一種の寂しさを持っておられたようである。思うに、先生の宿願である遺伝学の講座は設けられずに、養蚕学の一部を分担されていたに過ぎなかったために、自然と熱のこもった感銘するような講義をうけられなかったものと思う。それが、試験場では別人のように快活で、食堂にも顔を出され、笑い声は常に窓外にもれた。そして、先生の研究心は試験場において燃えあがったのである」と、教え子の宇田一氏は、「目を細くして童顔をほころばせた」天才学者の素顔を鮮やかに浮かび上がらせている。

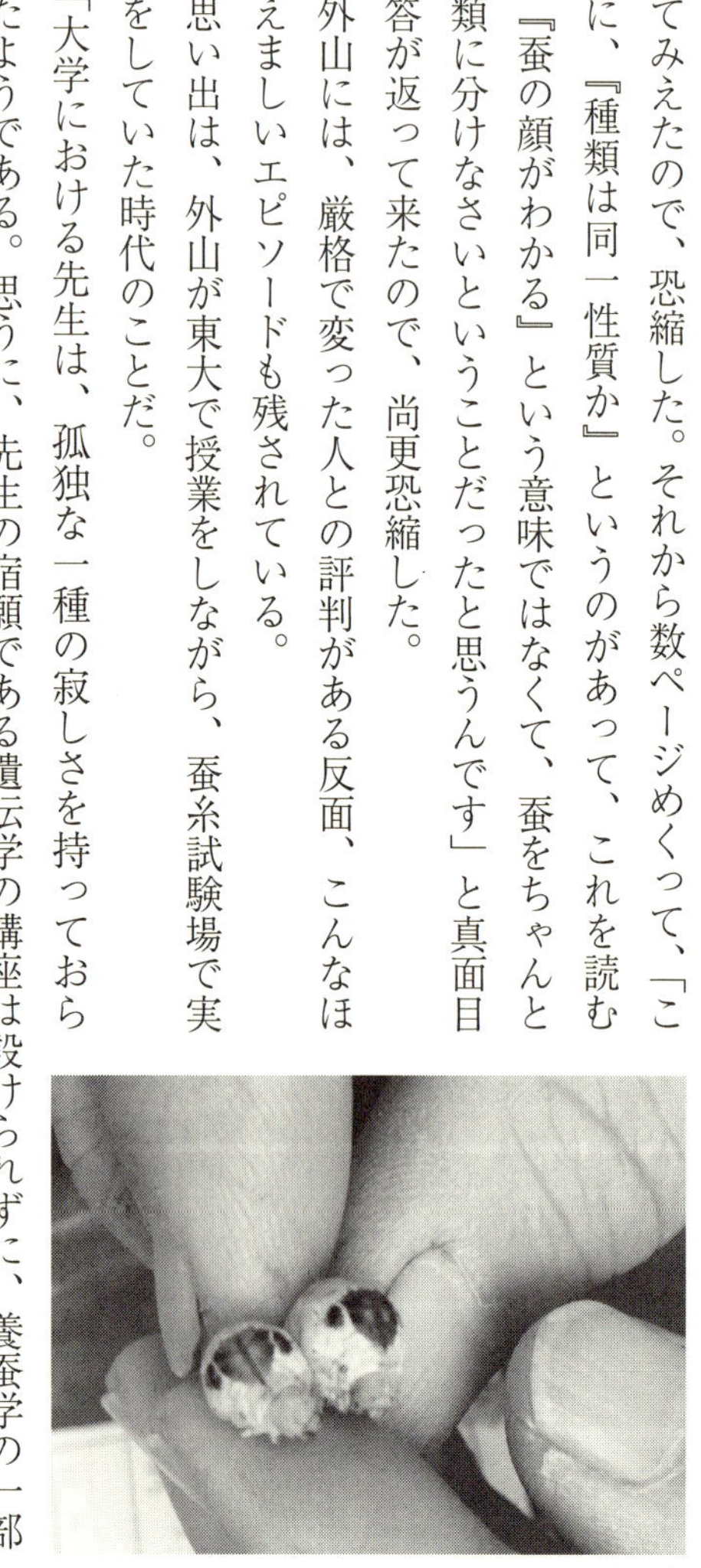
蚕の顔

さて、蚕の顔である。外山は著書の中で、「余は一〇数年この実験に従事せしが、普通の蚕種よりして四〇余りの異なる性質のものを発見し、それを固定したのである」と書いている。つまり、少なくとも四〇の蚕の顔を区別できたのだ。ということで、皆さんにも蚕の顔をじっくり見て頂こうと思い、二つの蚕の顔を並べてみた。

蚕日記14　一蛾飼育

では、外山の発見はどのようにして生まれたのだろうか。

外山は、福島時代の三年間に、メンデリズムが蚕にも適用される発見の大きなヒントを得ている。それが、「一蛾飼育」だ。彼は、蚕種製造の現場で、系統分離のための「一蛾飼育」を見て閃いたとされている……、天才の閃き。

これを理解するには、当時の蚕種がどんな作り方をしていたのかを知っておく必要がある。当時は、一枚の種紙に複数のメスの蛾を産卵させていた。一蛾が、平均三〇〇～四〇〇の卵を産むので、メスが一〇蛾いれば、四〇〇〇近い蚕の卵が混ぜ合わさって育てられていた。これを「混合飼育」と呼ぶ。一方、「一蛾飼育」は、その字の通り、一頭[*]のメスが産んだ卵だけを飼育する方法である。そうすると、一つの系統の蚕だけを純粋飼育できる。

＊　蚕を一頭、二頭と数えるのは蚕の頭胸部を側面から見ると、馬の頭に似ている所

から来たといわれている。

メンデルが、交配した一株のエンドウの変異を調べたのと同じ方法だ。思い浮かべて欲しい。修道士のメンデルが、モラヴィア・ブルノの聖トマス・アウグスティノ修道院の静寂に包まれた庭で、《つるつる》のエンドウと《しわしわ》のエンドウとが決して混じらない様に細心の注意を払って育てている姿を。そうして、数年をかけてそれぞれの「純系」の種を採り出し、「純系」同士を交配した。その結果が大発見につながった。このことからもわかるように、遺伝学は、「純系」の選抜からスタートする。まだ、メンデリズムを知らなかった外山が「一蛾飼育」を見て閃いたのは、やはり天才の証である。

ここで、もう一つ思い出して欲しい。蚕日記6「選抜種」の項で、九州大学が、風穴に保存している五〇〇の「純系」の蚕種について語った伴野先生の言葉を。

「五〇〇系統と言うのは、五〇年以上保存している非常に古い歴史があるコアとなる蚕です。失えば、二度とつくれない。私は、これを〝コアコレクション〟と呼んでいます」

カイコはエンドウとは違い生き物である。だから、失えば、二度と生まれては来ない。改めてカイコ「純系」の貴重さに気付く。

蚕日記15　発見への道

それにしても、外山はどうやってメンデリズムが蚕で成り立つことを証明できたのだろうか。その経緯については森脇靖子氏の精緻な論考（「科学史研究」第四九巻二〇一〇年秋号、岩波書店）があるので、それに沿って説明したい。

先に述べたように、「メンデルの法則」が再発見されたのが一九〇〇年、外山の論文発表は一九〇六年。この六年の間に、外山は、あるカイコのかけあわせを行っていた。

森脇氏によると、【外山は一九〇〇年春、蚕の種類改良と遺伝と変異について考慮しつつ、日本蚕（白繭）とフランス蚕（パール・黄繭）とをかけあわせた。そして第一代目が全て黄色になる優性現象と、第二代目で黄繭と白繭の出現比率が3対1になる分離現象を観察している】

しかし、この年にメンデリズムが再発見されたのだから、外山は「メンデルの法則」をまだ知らない。そのため、理論的根拠がわからなかった。しかし、実験の一年後に「メンデルの法則」を知り、優性現象と分離比の理論を理解した。正に、氷解の思いだったろう。

そして、一九〇二年からの外山のシャム滞在*によって発見が導かれたと、森脇氏はみている。

＊　外山のタイ派遣一九〇二〜一九〇五年。

【さらなる研究のために、彼は再発見者の三人の論文やメンデル論文などの資料を収集し、熟慮、分析する時間、及び実験計画や実験資材調達のための時間を要した。その時期が一九〇一〜〇二年である。そしてシャム（現タイ王国）で誰はばかることなく、自分の一存でメンデリズムの実証実験を行えたことは外山にとって決定的に有利なことであった……。】

森脇氏の論考は続く。

【……（一九〇二年）九月中旬に飼育を開始し、持参した日本蚕と系統飼育（おそらく一蛾飼育）を行い固定したシャム蚕とを使い、一九〇三年五月から、二種類の交配実験を開始した。どちらの実験も一九〇〇年に農科大学で行ったように、黄繭と白繭の交配実験で黄繭が優性であることを確認している……。】

帰国した外山は一九〇五年、五月に「メンデルの遺伝法則に関するカイコの交配」を書き上げた。これが、日本の遺伝学の記念すべき始まりである。

一連の経緯を読むと、外山には、運命が大きく味方していたことがわかる。「メンデルの法則」再発見直後にタイに派遣され、思い通りの実験が存分に行えたというのだから。しかも、タイの蚕は年に何度も孵化する多化産なので、何回でも実験ができた。「才能と運」から天才は生まれるのかもしれない。その天才が、蚕糸業界に一大革命を巻き起こす。

蚕日記16　ハイブリドなおかいこさま

外山博士の功績は、メンデリズムに止まらなかった。というのも、シャムで行った日本蚕とシャムの純系同士の交配で、その親よりも格段と多い繭を収穫できることがわかったからだ。つまり、ある違う品種をかけあわせると、親たちより優れた性質の子どもが生まれるという原理だ。これを「一代交雑種」と呼ぶ。外山は、帰国後すぐに、「一代交雑種」を蚕種製造に応用することを提唱した。

急いだ背景には、「日本の生糸は質が悪い」と、主な輸出先のアメリカからクレームが相次ぎ、苦境に陥っていた事情がある。外貨獲得の大半を生糸に頼っていた政府は、この対策に懸命だった。そこで、外山は「一代交雑種」の有効性を強く主張した。シャムでの実績があり、自信があった。しかし、中々受け入れられない。それから数年後の一九一一年（明治四四年）外山は、新設された国立の蚕種製造所に招かれて品種改良の指導にあたることになる。そこで更に実験を行い、最終的に支那種と日本種や支那種と欧州種との一代交雑種が優秀であることを証明した。このハイブリッド蚕は広く普及し、生糸の品質を飛躍的に向上させ、生産量も倍増させた。こういった外山のバランス感覚は絶妙だったと伴野先生はみている。

「一九〇〇年、日本がどんどんかけあわせをしている時に、たまたま外山がそれを材料にした訳ですよね。だから、やはり、色んな条件がそろって外山が明らかにしていった。そして、日本の産業を進める時に、遺伝学の基礎知識をもって説得した。結局、品質管理ですよね。今から遡れば。品質管理をするためには、工業製品だったら、金型を変えればいい訳ですよね。だけども、生き物を揃えるっていう、……富岡製糸場なんかで糸を動力でひく時には、繭の形、質、量なんかの、品質管理をしないといけない。で、品質管理をする時にそういう理屈、遺伝学が役にたった訳ですよね。遺伝学を実用に供する蚕の開発に役立てた。人を説得する時に、メンデルの法則を使ったんです」

正に、機を見て敏！「メンデルの法則と一代交雑種」はセットで活用された。この手法は「研究の結果は実業に応用して効果あるものでなければならない」と常々主張していた外山の信念から生まれている。

蚕日記17　蚕種論

伴野先生が言った「人を説得する時に、メンデルの法則を使った」という外山の理論は一冊の本にまとめられている。『蚕種論』だ。メンデルの法則が蚕でも成り立つことを発見した三年後の一九〇九年（明治四二年）に上梓された。「本を書けということは、人に恥をかけというのと同じことである」と出版依頼を断り続けた外山だったが、「一代交雑種」の有効性を説くために出版に踏み切ったのかもしれない。

本は、「世界の養蚕の状況」に始まる名著の誉れ高い七八五ページに及ぶ大著である。私にはお手上げなので、一九六七年（昭和四二年）発行の「外山亀太郎博士生誕一〇〇年記念記事」から一部を抜粋させてもらうことにする。

『蚕種論』

……『蚕種論』は先生の実験結果を基礎としてこれに諸学者の研究を参照し、蚕は如何に改良すべきかを説いたもので……明治時代には官民力を蚕糸業改良に用い飼育上に著大の進歩を成したが、その根源たる種類の改良に至っては奨励の方針が定まらずその方法も学理的正確な基礎を欠き、そ

のために著しい進歩を見ることなく、種類は雑ぱくをきわめて一定せず、かえって劣化したことを慨嘆され、すべからく種類改良には先ず目的を確立することを強調し、野蚕と家蚕との交雑によって種々の新種を作り得た新種作成の実例を述べ更に淘汰説法を説き種類改良法の指針の実例を引いて懇切に教えられた。（平塚英吉氏「外山先生の蚕糸業に関する業績」より）

これを伴野先生の現代語訳に直すと、「本は一〇章に分かれていますが、緒言は二ページしかないんです。そこには、『蚕はいかにして改良すべきかを具体的に述べたものである』と書いてあるんですよ。だから、自分の実験、育種改良法として最近一〇年間の結果を発表しますということなんです」

そこで、ズバリの質問をしてみた。

「先生にとって、この本の価値ってどこにあるんでしょうか」

「育種法を科学的に位置づけたということでしょうね」。流石、ズバリの回答が返ってきた。

「経験からではなく、科学的に育種することを理論づけた本ということですね」。私は自分に教えるように、そう口にした。

一〇章ある本の中で注目したいのが、第八章の「交雑による新種」である。先の平塚氏も「……野蚕と家蚕との交雑によって種々の新種を作り得た新種作成の実例を述べ……」と、この章を取り上げていた。重要な部分なので、もう一度、伴野先生に現代語訳をしてもらおう。

「これが、家蚕と野蚕の交雑と書いてあって、ここでカイコとクワコを交配して、遺伝の知識をもって、蚕の種類を変えることができるということを実証しているんですよ」というのだ。ここでの「野蚕」とはクワコ、「家蚕」とはカイコを指している。

「クワコ」というのは第五章で詳しく述べるが、一言でいうと、蚕の先祖である。人間は約五〇〇〇年以上前に、クワコという昆虫を飼いならしてカイコに育て上げている。では、外山はなぜ、クワコを交雑種に選んだのだろうか。

「外山がなぜこれを使ったかというと、結局証明するためには、黄色の繭を作る（クワコ）と白い繭を作る（カイコ）を交配して、どちらが出て来るかという、はっきりした結果で説明したかったんですよ。遺伝現象というのは、目に見えた結果がないとわからない。極端なものを交配することが、メンデルの法則を説明するのに手っ取り早い訳ですよ。それまでは経験というか、名人芸でやっていたものを、育種はメンデルの法則でちゃんとできるっていうことを証明した。これは、今でも通じることで、私達も黄色とか白とかっていう変異したものがあるからわかるんですよ」

天才科学者が、蚕のご先祖様を五〇〇〇年ぶりに登場させたという事実に私は驚きながらも、強く心魅かれた。

蚕日記18　天才の生涯

ハイブリット蚕を普及させ、画期的な成果を収めた外山亀太郎は、一九一五年（大正四年）、「帝国学士院賞」を受けている。「帝国学士院賞」は、わが国最高の学術功労者に贈られる賞である。因みに、この時もう一人受賞している。それが、あの野口英世。外山の功績の偉大さがわかる反面、野口と比較して知名度が低いのが、どうにも納得できない。野口英世は知っていても、外山亀太郎を知る人は余りにも少ない……、かくいう私も実は全く知らなかったのだが。

もう一人を例にあげると、外山は夏目漱石と同年の生まれで、二人は東京帝国大学卒業後、欧州留学するなど、当時のエリートコースを歩んでいる。亡くなった歳も、漱石四九歳、外山は五十歳で、ほぼ同じ時代を生きている。明治維新、日清、日露、第一次世界大戦、……日本が富国強兵、海外進出まっしぐらの時代だ。なのになぜ、漱石は歴史に残り、外山は埋もれてしまったのかと、やはり思ってしまう。

埋もれた理由の一つに、外山が五十歳六ヶ月という年齢で夭逝したことが挙げられるかもしれない。「学士院賞」を受けてわずか三年後のことである。東京帝大教授になってからもすぐに病に倒れ、ほとんど教壇に立つ事ができなかった。

しかし、それよりももっと決定的な理由は、戦後、日本の生糸輸出が激減し、養蚕業が顧みられなくなったことだろう。なにしろ、繭生産量は最盛期の一パーセント以下に落ち込んでいるのだ。それでも、蚕は外山の功績により「遺伝学」を支えるリソースとして生き続け、九州大学に〝おかいこさま〟として鎮座している。その種をまいたのが、ほかならぬ外山博士だった。

第四章　田中義麿の功績

蚕日記19　**遺伝学の鼓動**

さあ、〝おかいこさま〟がいよいよ九大へやって来る。時は一九二二年（大正一一年）。九大農学部に養蚕講座が設置された年だ。この前年、農学部助教授として赴任したのが田中（たなか）義麿（よしまろ）である。何を隠そう、田中は、外山博士がただ一人後継者と認めた人物なのだ。

人に厳しく舌鋒鋭い外山だったが、田中を可愛がった。それは、田中義麿の書いた福島の蚕業試験場での思い出話から窺える。「カイコその他と私」（「生物学者の歩んだ道」より）にはこうある。

北大の学生時代にはカイコの絹糸腺の解剖生理をやったが、卒業後、まだ揺籃時代にあった遺伝の研究に興味を覚え、大学や研究所の有志と共に面出会（メンデル）を作ったり、一九一三年からは日本の大学で初めての遺伝学という科目の講義をしたりした。しかし、大学での籍は動物学教室にあり、養蚕学教室所属の蚕室は広さ、人員、経費に制限があり、しかも北海道の飼育道期が短いので、道立農事講習所に一部の蚕を委託したりして、どうにか仕事を続ける有様であった。

話が前後するが、田中は一九一一年（明治四四年）札幌にあった東北帝大農家大学（現北海道大学農学部）卒業後、同大学の助教授になっている。回想はその時代のことである。研究者にとって実験材料の蚕が飼えないとは致命的だ。その苦境を救ったのが、あの気難しい外山だった。回想記を続けよう。

「この時に当たり天の助けともいうべきは一九一五年から一九一九年の外遊まで五年間農務省蚕業試験場福島支場において、思いのままに遺伝の研究に専念することを許される幸運に恵まれたことである。これは時の試験場長加賀山辰四朗博士と、同場兼任技師外山亀太郎博士の絶大なる好意の賜であり、福島滞在中、至らざるなき配慮を頂いた河西大弥支場長と合わせて三氏の恩道は忘れることができない」と、外山への大いなる感謝を記している。

この時のリアルな状況を伴野先生の言葉で敷衍（ふえん）してみよう。

「田中先生は、実は北大の恩師と仲が良くなかった。それで、蚕を自分のところで余り飼えなかった。そんな時に、外山亀太郎の肝入りで福島県の蚕業試験場で『蚕を飼ってもいいよ』って言われた。これは特筆すべきことだったんですね」

外山は田中を評価し、期待し、可愛がったのだ。その証拠に、外山は学士院賞を受けた一九一五年（大正四年）に、『遺伝学』の執筆者として田中を推薦している。その著書の前書きにはこうある。

裳華房の野口健吉君から外山博士の紹介状を同封した書面を以て、著者に『遺伝学』の執筆を依頼してきたのは大正四年十月で、丁度、著者が外山亀太郎、阿部文夫の諸子と図り、日本育種学会を創立した当時のことであった。

「日本育種学会」とは後の「日本遺伝学会」のことだ。遺伝学黎明期の鼓動が聞こえてくるようではないか……、天才学者と後に続く気鋭の若い学者たちの鼓動が。

蚕日記20　カイコの城

田中義麿は、そんな鼓動をそのまま九州大学に持って来た。養蚕の〝蚕〟が遺伝学の

〝カイコ〟になった瞬間である。九大のカイコ研究の祖、田中義麿についての伴野先生の評価ぶりは、明快で素晴らしい。

「外山は、遺伝学を実用に供するカイコの開発に役立てた。人を説得する時にメンデルの法則を使ったんです。それを傍からみていた田中義麿はメンデルの法則を純粋に遺伝学の材料として用いたんですね」。私は思わず「なるほど」と声を出した。

外山と田中は一七歳もの年の差がある。しかし、外山が亡くなる数年前に二人はクロスし、外山の遺伝学を田中が純粋な学問に移行させた。こうして新しい遺伝学の世界が九大を舞台に展開する。

当時の様子を田中はこう記している。

田中義麿（田中家提供）

> （ヨーロッパ留学から）帰朝した年は九大と福島支場との二ヶ所で蚕を飼ったが、翌一九二三年（大正一二年）には私の留守中、系統保存の責任を完全に果たしてくれた松野正一君も、福島から九大助手として転任して来、前年と同じ民家の蚕室をかりて飼育を行った。この間に大学構内に鉄筋ブロ

ックの蚕室が新築され、一九二四年（大正一三年）からここがわれわれの城となった。

「城」という表現からは、研究者たちの高揚感が伝わってくる。当時の「城」について、田中は「この式の蚕室は当時日本には他に比類が無く、時の学部長、本田幸介博士から、多湿のため使用に耐えぬおそれがあるとて断念するよう勧告されたのを押し切ってわがままを通させてもらった」。九大に城を構えた田中義麿、働き盛りの四十歳だった。

ここで、紹介したい人物がいる。昆虫病理学教室でカイコの病気を研究していた河原畑勇先生である。伴野先生より二十歳ほど年上だが、昆虫好きが昂じてカイコの世界に入った。二人は親しく、伴野先生のことを「伴ちゃん」と呼ぶ。

九大農学部の中に熱帯植物研究所があるんですが、蚕室はその隣にあったんです。田中義麿先生の設計でね。なんかね、非常に良質な蚕室だったんです。その時もう私は、ウイルス病を研究してたから、（病気をうつすといけないから）そこの玄関までしか行けません。だから、中は知らない。それだけ、厳格でしたよ。

河原畑先生にはカイコの病気について話を伺おうとお目にかかったのだが、この先生の余談がとてつもなく面白かった。昆虫や病気の学名にラテン語やギリシア語が多い話に始まって、愛読書のギリシア神話「イリアス」と「オデュッセイア」に及ぶ。先生いわく、「今みたいに実験に追われるとか無かったし……役に立つ研究とか、そんなことばかりでは意味が無い。専門の勉強は当たり前、それ以外に趣味を持ちなさい。趣味を通じて、豊かな教養をもちなさいと教えられた」

今の研究者に聞いてもらいたい古き良き時代の思い出だ。しかし、思い出話に終わらせていいのだろうか。というのは、今、問題になっている生科学研究室の「ピペド族」[*1]など、ブラックな現実があると聞くからだ。更に、現在の遺伝学は過酷な成果主義に晒されて、人間性を奪われてしまっているのではないだろうかなどと余計な心配をしてしまう。河原畑先生の余談に浸りながら、「科学は今、本当に幸せなのだろうか」と、立ち止まって考えてしまった。[*2]

＊1　マイクロピペットを握り、ひたすら実験に励む研究者の姿を奴隷のようだと揶揄したスラング。

＊2　現在の科学研究の実態については榎木英介氏の『嘘と絶望の生命科学』（二〇一四年、文春新書）に詳しい。

話を一〇〇年前の九州大学の蚕室に戻そう。田中義麿設計の蚕室では、たくさんのカイコが飼われ、突然変異発見のための系統保存が本格的に始まった。しかし、そのための飼育には手がかかった。昔は朝六時三〇分、一一時、四時三〇分、夜の一〇時三〇分、夜中の二時三〇分と、一日五回桑を与えていたそうだ。当時の蚕室には専用の宿泊施設があり、一〇人くらいが寝泊まりしていたという。まあ、寮生活みたいなものだったのだろう。しかし、蚕室にこもっての、なんとも世間離れした生活ではある。今時は、これも一種の「ピペド」と言われそうだが、少なくとも「カイコの城」の研究者たちは意欲に燃え、幸せだった。そうして「城」からは、多くの俊英たちが育ち、遺伝学の種が全国に蒔かれていった。

蚕日記21　DNA前夜

さて、九大にやって来たおかいこさまの役割をもう一度復習してみよう。「蚕日記1」で書いた様に、「九州大学では、一〇〇年前から、蚕を飼育して、突然変異体を見つけ、その遺伝子を分析する研究を続けている。」というのは、遺伝学は、先ず、突然変異体を見つけることでスタート地点に立つからだ。蚕は突然変異体が多いので、遺伝子研究の資源に打ってつけの生物だ」

　突然変異を見つけることは遺伝子発見につながる。でも、「遺伝子ってなーに」と聞かれると、説明は長くなり、また、少々厄介である。そこで先ずは、遺伝学の古典にかえってみよう。一九三四年（昭和九年）に発行された田中義麿博士の〝GENETICS（遺伝学）〟から。

「変異とは生物の性質が相異なることであって、自然界に於いて最も普遍的な事実は変異の存在である。変異には彷徨変異（環境の影響により後天的に生じた変異で遺伝性を有しない）と突然変異（全て遺伝性を有する変化）がある。遺伝学は遺伝因子に関する科学である」……、なんだか、もっと難しくなってしまったが、〝GENETICS〟は、なにしろ、あの外山亀太郎の推薦で執筆を引き受けた本であり、上梓までに一九年の歳月がかけられている。本文の説明は、学生たちに語りかける調子で諄々と説かれ、図版が随所に入り、わかりやすい。専門書だが、素人でも何とか読み継げてしまうから、その力には驚いてしまう。

　しかし、〝GENETICS〟完成までの二〇年間というのはDNA発見前夜であり、遺伝学が激動期にあ

『GENETICS』

ったことを見逃してはならない。

いったい、どんな激動期だったのか。遺伝学の流れを、これまでの登場人物を中心に振り返ってみよう。メンデルが法則を発見したのが一八六五年、世に出たのが一九〇〇年。外山亀太郎が、メンデルの法則が動物でも成り立つことをカイコで実証したのが一九〇六年。丁度その頃アメリカでは、ショウジョウバエの突然変異を見つけて、それらを交配していた遺伝学者がいた。カイコとショウジョウバエの競争だ。彼の名はトーマス・ハント・モーガン。外山に遅れる事七年の一九一三年、モーガンは、ショウジョウバエを使って、遺伝子が染色体の上にあることを証明した。これによりメンデルの法則は完成したといわれている。

そして、モーガンの発表がなされたその年、田中義麿は東北帝大（現在の北大）で日本初の遺伝学を講義している。田中は、モーガンの発見についてこう述べている。

「モルガンが初めてドロソフィラ（ショウジョウバエの一種）の遺伝について論文を発表したのは一九一〇年、私が蚕のリンケージ（遺伝連鎖）の論文を公にしたのは一九一三年であるから、その間わずか三年の差に過ぎない……」とあり、世界のトップランナーとしての自負と、あと一歩のところで遅れを取った無念を吐露している。その悔しさをバネに、田中は猛然と九大の「城」で実験と観察を重ね、カイコの染色体地図作製にとりかかる。そうして一九二七年（昭和二年）までに四つの地図を作製した。
そもそも、カイコの染色体地図とはどんなものか、伴野先生にわかりやすく教えてもらった。

蚕日記22　**染色体地図**

カイコには二八本の染色体がありますが、各染色体には色々な形質を支配する遺伝子があります。カイコには一万七〇〇〇程の遺伝子があると推定されていて、それらは、繭の色、幼虫の色、皮膚の色や、斑紋の有無から酵素や、繭の形、脱皮回数を支配する遺伝子等色々です。一万七〇〇〇あまりの遺伝子が二八の各染色体に島のように別れてグループを作っている訳ですね。最初の染色体グループの発見は、一九一三年の田中先生によるもので、第二番目の染色体には、黄色の血液と皮膚の斑紋を支配する遺伝子があるというものでした。その発見にはミュータント（突然変異）コレクションが必須で、九大のコレクションが活かされてきた訳です。結局、一九二七年までに四染色体が発見され、一九四〇年迄に一二染色体、一九四三年には一五番目まで進みました。その中で同定された遺伝子は五六個、その後は一九染色体に九六個の遺伝

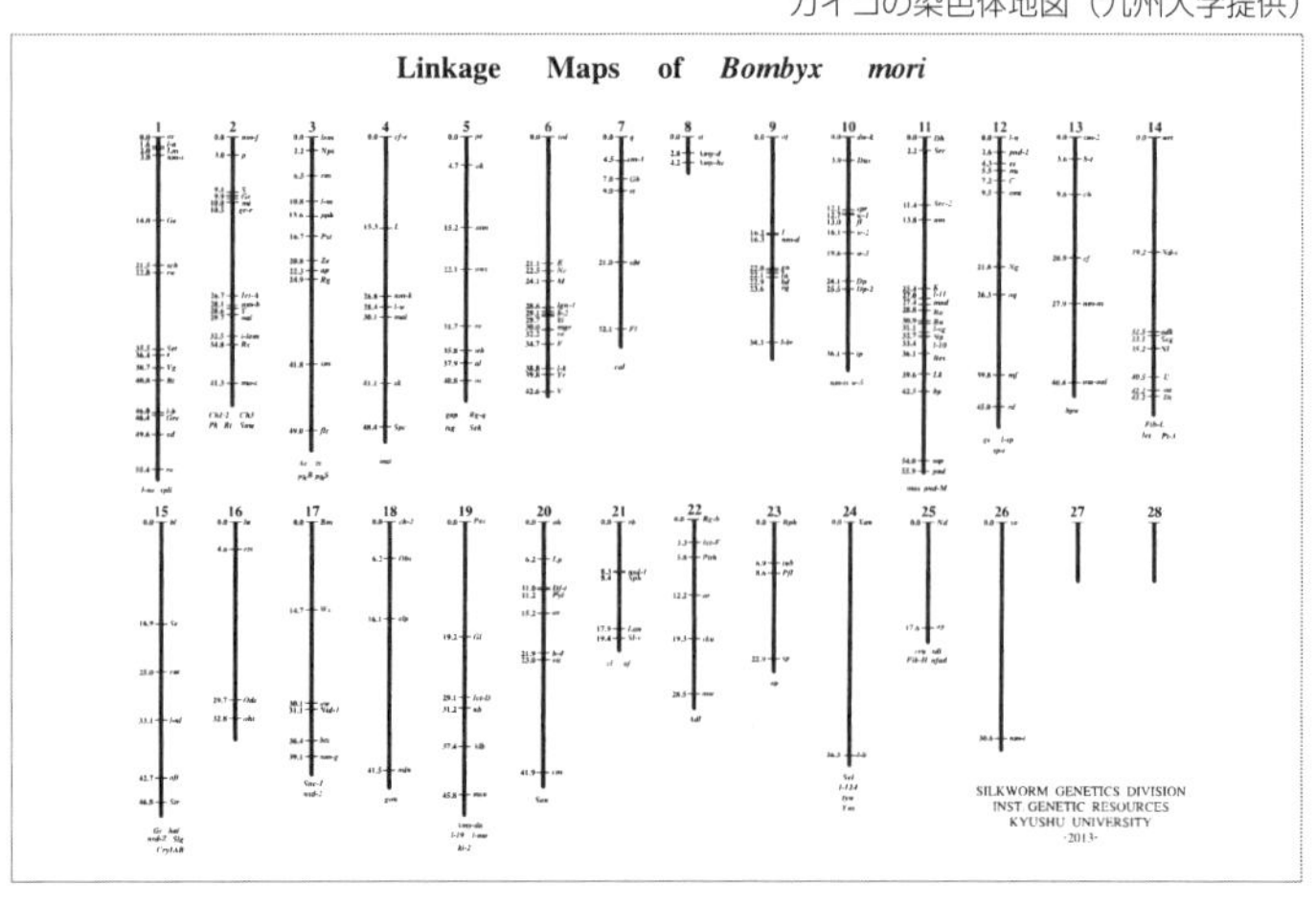

カイコの染色体地図（九州大学提供）

子が染色体地図上に明らかになり、現在は二七染色体に二四二遺伝子で、残念ながら残り一つの染色体にはミュータント遺伝子が同定されていません。したがって、染色体地図の完璧な完成はまだです。

先生の説明を省略せずに、年次ごとの数字を追ったのは、染色体上の遺伝子の発見にどれほど長い年月がかかるのかを知って欲しかったからだ。

それにしても、地図とはなんと言い得て妙だろう。二八本の染色体に、一万七〇〇〇の遺伝子が一つずつ記されていけば、命の全容が現れる……、それはどんな姿をしているのだろう。私達に何を示してくれるのだろう。完全な地図を目指してのカイコ飼育の日々……、ある遺伝学者が「遺伝子は砂漠の中のオアシスのごとく存在する」と言ったそうだが、ため息が出るほどの時間の末に突然現れる新しい遺伝子は歓喜のオアシスに違いない。改めて先生の研究室のドアに貼られている染色体地図を見つめた。この地図にこれからどんなオアシスが見つかるのか、美しくも果てしない旅を想う。

他に「城」では、どんな成果が上がったのか。田中博士の回想録から引用してみる。

……リンケージ、[*1] 伴性遺伝、[*2] 複対立遺伝子、[*3] 到死遺伝子、[*4] 人為突然変異、[*5] 実験室内における自然突然変異などはいずれも筆者により日本で初めて発見された遺伝現象であり、また日本で最初の染色体地図も作成されたが、これらはいずれもカイコにおいてなされたものである。

これらの発見は、モーガンの〝ショウジョウバエ〟に匹敵する重要なものであり、列挙された数を見ただけでも、矢継ぎ早の発見であったことがわかる。田中義麿が世界と肩を並べ、日本の遺伝学をリードしていたのは間違いない。その実力を証明するかのように、田中は「日本遺伝学会」を正式に発足させ、一九二八年（昭和三年）十月十九日、第一回目の大会を九州大学で開催した。

こうした歴史の上に九大のカイコ系統保存記録はスタートし、現在に至っている。

＊1　二つの遺伝子が同一染色体、または同一核酸分子上に乗っているため、雑種F2以降相伴って行動し、メンデルの独立の法則に従わない遺伝現象。この現象を利用して遺伝子の所属染色体を分析する。
＊2　性染色体上にある遺伝子の作用により起こる遺伝現象。
＊3　一つの遺伝子座位に三つ以上の遺伝子が存在する時、それらを一括して呼ぶ。
＊4　生物の生活環境のある一定の時期に、その生物を死に到らしめる遺伝子。
＊5　モーガン研究室で始まっていたX線照射で起こす突然変異。これについては後述する。

蚕日記23　満鉄一号

田中が生きた時代の年譜を改めてながめてみると、遺伝学の激動期であったと同時に、時代の激動期でもあったことに気付かされる。九大に城を構え染色体地図作製に取り組んでいた頃、日本は中国に侵攻、満州帝国建設を目指していた。やがて太平洋戦争へと突き進む大きな流れの中で研究者として生きているのだ。遺伝学の大家といえども、戦争と決して無縁ではいられなかった。

回想によると、一九三〇年（昭和五年）旧満鉄の委嘱を受けて、サクサン＊の育種を命じられている。年齢を数えると、四六歳から五三歳までの七年間で、満州国設立直前から日中戦争が勃発するまでのただ中にあたっている。

＊　カイコと同じ様に絹糸を吐き、繭を作る。鱗翅目ヤママユガ科に属する野生の昆虫。

満州での田中義麿（田中家提供）

田中は、「半野生動物の育種などこれまで見たことも聞いたこともなく、しかも遠隔の地にあって飼育、調査、選抜、採種などを正確に管理することは容易ならぬ難事であった。飼育は主として万家嶺蚕場で行ったが、山の傾斜面に放養したサクサンを、一飼樹ごとに網枠を被せて一蛾育を行うのは……その手数たるや家蚕などの比ではない」と当時を「言語に絶する困難さ」と振り返っているが、強健性品種「万家」と繭質優良の品種「満鉄一号」を生み出す成果を上げ、流石の実績である。しかし、戦後それらの品種がどうなったかはわからないという。サクサンの育種を行った旧満州の〝万家嶺〟は日中の激戦地で、田中が満州を去った一年後の一九三八年に、中国が日本に勝利した抗日シンボルの地である。推測するに、そういった状況の中で「万家」も「満鉄一号」も幻となったと思われる。

　では、戦時中、九大のカイコはどうなったのか。気にかかるところだが、それについては後で述べることにしよう。田中は、戦争が終結した一九四五年（昭和二〇年）九州大学を定年退官。「系統保存」のバトンを次の世代に託している。

蚕日記24　後に続く者

　バトンは、誰に渡されたのか。田中の教育者としての貢献にふれてみよう。優れた学者は、研究に没頭する余り往々にして、教育には不熱心だったりする。例えば、外山亀太郎がそうだった。東大では、授業を早々と切りあげてカイコの実験研究に取り組んだ。そのせいで学生の評判は悪く、育った研究者は多くない。前章でも触れたように、「蚕糸試験場における先生の生き生きとした姿と大学における先生の印象はまるで別人のようだった」と、大学での孤独な天才の素顔が紹介されている。

　一方、田中は九大で研究に没頭はしたが、同時に多くの俊英を輩出させた。門下生には川口栄作（宇都宮大学長）、諸星静次郎（東京農工大学長）、筑紫春夫（九州大学教授）、そして後の日本遺伝学会会長の田島弥太郎などきら星のごとくである。

　また、田中は先述の〝ＧＥＮＥＴＩＣＳ（遺伝学）〟始め、たくさんの名著を後輩たちに

POST CARD

片山ふえ『ガガです、ガカの』（未知谷）より

考える人

残している。中でも『科学論文の書き方』は、一九二九年（昭和四年、裳華房）の初版から三二版を重ねるテキストだ。本の前書きには、「……何らの手引もなくて論文を書く若い学者は、磁針なくして大海を渡る舟人、燈火を持たずに暗夜の山道をたどる旅人……」とあり、学問を志す若者たちへ愛情いっぱいに手を差し伸べている。こんな教授が周りにいれば、「ピペド族」や「コピペ族」*は生まれなかったかもしれない。

＊ コピーアンドペイストの略語。コピペ族とは、他人のデータなどをコピーし、自分のリポートや論文などに貼り付けて使用する人たちを指す。

次に、田中が育てた多くの俊英の中から、一人を取り上げてみよう。その名は、田島弥太郎（たじまやたろう）。「カイコ城」出身のきら星である。田島は、日本の遺伝学に大きな足跡を残した人物だが、彼が生きた時代は、遺伝学がＤＮＡ発見へと進む革命期を迎えている。そんな革命期へのトンネルを田島はカイコと共に駆け抜けた。

トンネルの先に待ち受けていたのはどんな世界だったのか。未知の世界に足を踏み入れる前に、ここで〝ディーブブレイク〟！　カイコのルーツをのぞいてみようと思う。〝おかいこさま〟は、いったいどこからやって来たのか。どうやって日本に伝わったのか。シルクロードロマンを少しだけ味わってみようか。

第五章　飛翔するカイコ

蚕日記25　**カイコのご先祖様**

現在の中国では見る事が少なくなった抜ける様な青空が広がる浙江省杭州市の桑畑で、初めてその虫を見た。虫の名は「クワコ」という。

一目見るなり、誰もが「カイコだ」と思ってしまう。「桑蚕」の字をあてる人もいるほどに似ている。が、この虫、よーく見ないと見つからない。というのは、桑の枝にそっくりの灰褐色の色と形をしているからだ。外敵から身を守るため木の枝に化けている。なんとも見事な擬態ぶりだ。

野外でのクワコ捜しは、なぜか面白くてたまらない。枝に化けたクワコを見つけるのは昆虫採集のワクワク感に似ている。研究室から出てクワコ捜しをする伴野先生もいきいきとして少年の様だ。

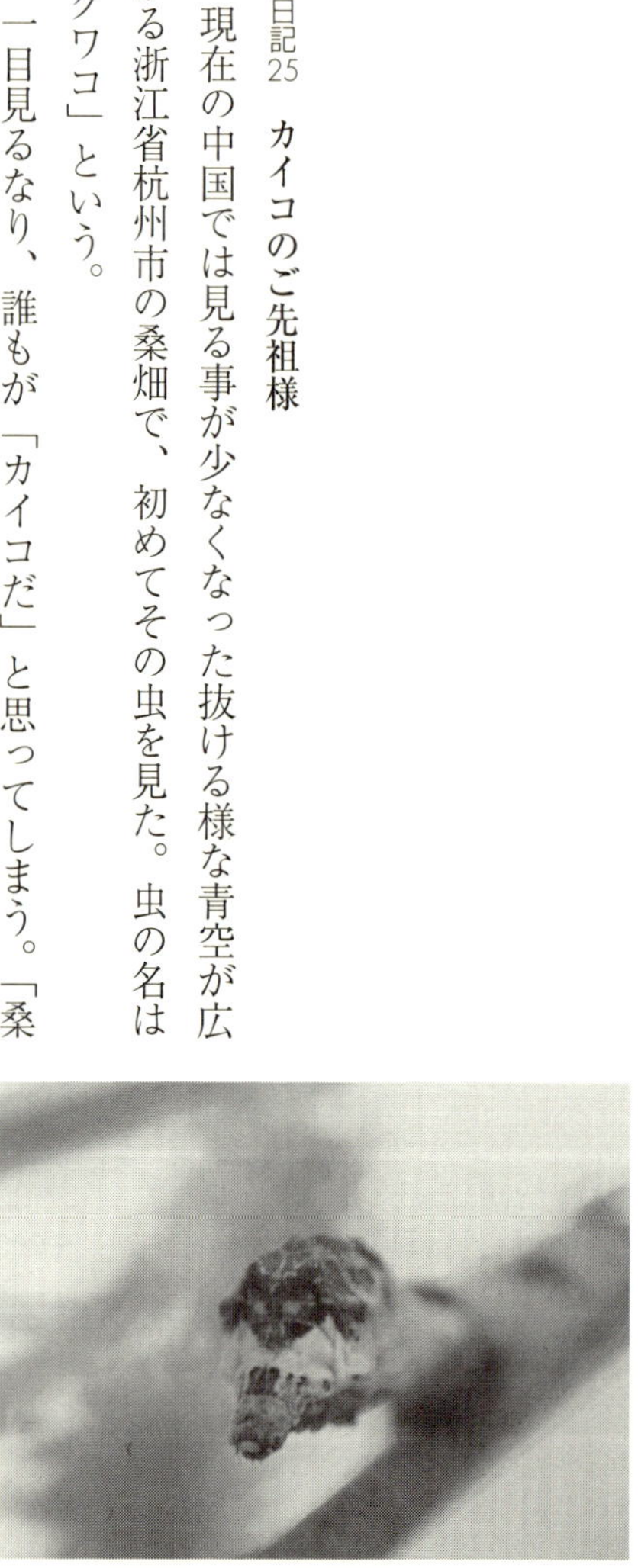

クワコ

カイコは、新石器時代（約九〇〇〇年前から七〇〇〇年前）に、中国の人達がクワコを馴化（じゅんか）して生み出したといわれている。姿形はそっくりで、絹糸を吐き、繭をつくる。遥か昔、人はクワコを上手に飼い馴らしてカイコにした。信じられないほどの時間とエネルギーを注いで誕生した奇跡の生物といってよい。

しかし、クワコとカイコには大きな違いがある。先ず、カイコは飛ばないが、クワコは飛翔する。地上での動きもクワコは活発だ。クワコとカイコをヨーイドンで走らせてみれば、断然クワコが速い。桑の葉っぱにつけても、カイコはすぐに落ちるけれど、クワコは必死に踏みとどまる。だから、先人たちは、クワコが逃げない様に野生本来の能力を奪って飼いやすくした。それにしても、いったいどうやったのだろう。運動能力だけではない。クワコの繭は小さいので、大きくしてたくさんの糸がとれるようにした。更に、クワコの糸は薄黄色で、ごつごつしているので、白くなめらかで艶のある美しいものに育て上げた。本当にどうやったのだろう。

第四章で登場して頂いた「イリアス」「オデュッセイア」が愛読書の河原畑先生は、昆虫病理学が専門だが、クワコにも

クワコとカイコ

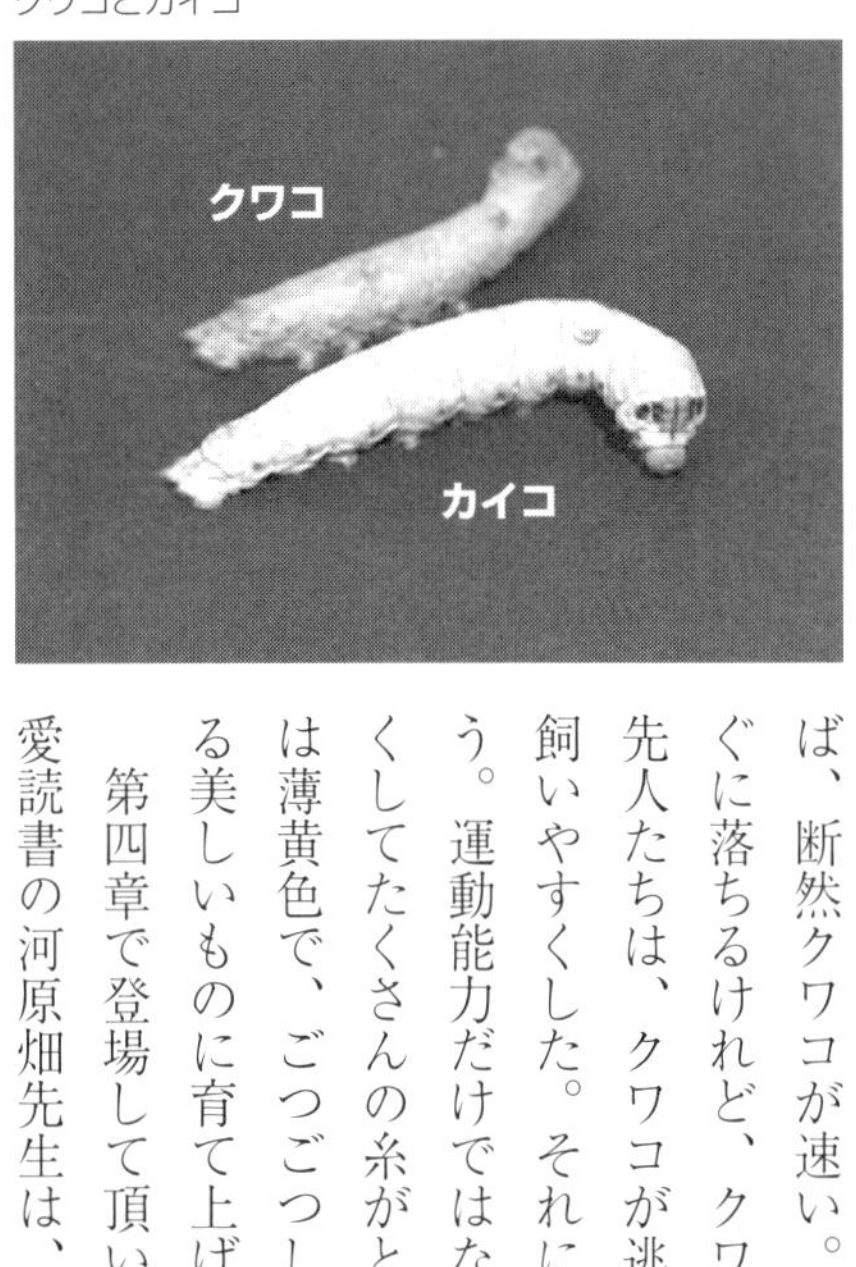

詳しく、「私の昆虫飼育の経験からいえばクワコほど飼育困難な鱗翅目昆虫はみあたりません。それにつけてもカイコを見るときクワコの家畜化がいかに困難で膨大な時間のかかるものであったかは想像することさえ困難です」と話された。また、カイコ研究の泰斗吉武成美氏は、『シルクロードのルーツ』（一九八二年、日中出版）の第一章で「一粒の繭に注がれた人類の努力はなみなみならないものがあった。それは何万人かの知恵と労働と四〇〇〇年の時間を要したもので、今ここに手にしている一粒の繭の中に人類の歴史がある」と熱く語っておられる。

一粒の繭からうっとりするほどに美しい絹糸が生まれ、絹文化が発達し、シルクロードが誕生した。人間にこれほど高度で多彩な影響を与えた昆虫が他にいるだろうか。

蚕日記26　日本最古の絹

シルクロードといえば、絹はどうやって日本に伝わったのか。誰もが情熱をもって語る歴史ロマンだ。幾つもの説がある中で、私はやはり地元博多にこだわりたい。というのも、日本で一番古い絹は、博多で出土しているからだ。福岡市早良区の有田遺跡から掘り出された銅戈の柄の部分に巻きつけられていた布が、弥生前期末のもので日本最古の絹と鑑定された。

鑑定を行ったのは、布目順郎氏。氏の『絹の東伝』（一九九四年、小学館）には、「弥生前期末以前のある時期に、九州北部の日本人が華中方面の人々と接触していた過程において、先方の養蚕をはじめてわが国へ導入することに成功したと思われるが、当時の中国においては、養蚕法をはじめ、桑種子や蚕種を国外へ持ち出すことは厳禁されていたから、法を犯してまでそれを強行することは難事であったに違いない」とあり、続けて「中国の養蚕や蚕種を導入するのに関わったのは、華中方面にいた非漢民族の人たちではなかったろうか。つまり、漢民族と常に対抗していた人々である。戦国呉越の末裔や苗族（ミャオ）などの少数民族にその可能性が濃いと思われる」と言及している。つまり、博多に蚕種を持ち込んだのは、江南の人々やミャオ族ではないかという推論である。

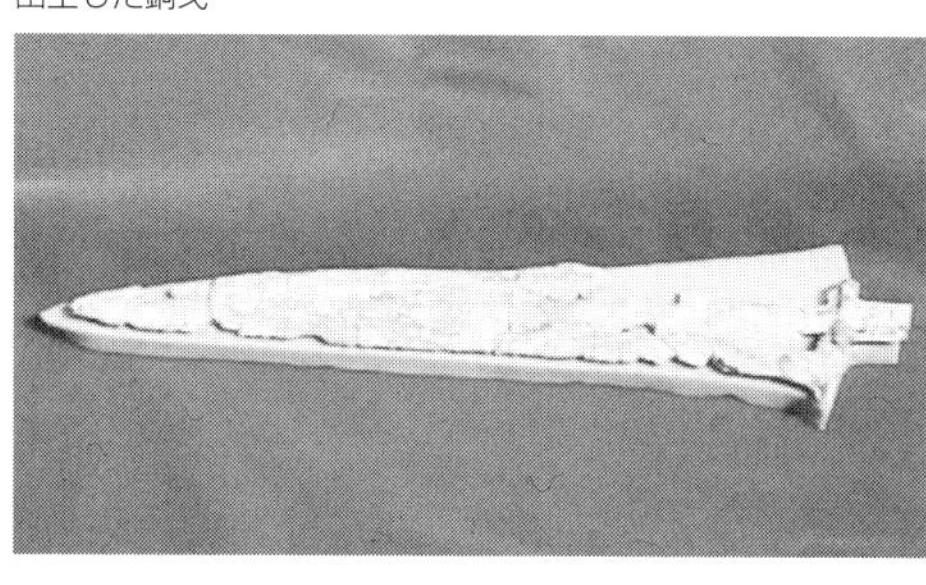
出土した銅戈

また、吉武成美氏は「養蚕の起源に関する現代の各種学説」の中で、「……越人は水に適応した文化をもっており、舟を操ることに秀でていた。それで、呉越の争いに破れた越人は離散し、一部の人々は舟で九州にやって来たと思われる……紀元前三世紀ごろ、そのころ倭国は縄文文化が終わり、弥生時代が始まるころであるが、越人が農耕文化である稲作や養蚕の技術をたずさえて日本へ来たと考えられる」とし、この推測は、「布目博士による北九州から出土した絹織物に関する考古学的研究の結果と大体一致する」と述べている。更に、候補の一つにミャオ族を挙げ、「貴州省における苗族の蚕飼いの起源に関する伝説」を紹介している。それを読んでハッとした。

というのは、福岡市のテレビ局に勤務していた頃、「博多織」のルーツをミャオ族に求めたドキュメンタリーを制作したことがあるからだ。博多織は経糸(たていと)だけで模様を織り出すのが大きな特徴だが、そのルーツが、中国貴州省のミャオ族ではないかという取材を現地で行った。その時、ミャオの古老が、吉武氏の掲げていた「蚕飼いの起源伝説」を、唄う様に語ってくれたのを思い出したのだ。

伝説を語るおばあさん

何千年という昔、苗族のある子どもが山に入り、牛に水をやろうとしていたとき、木の枝に白色や黄色のきれいな繭がついているのを見つけた。家に持ち帰って、遊んでいたところ、あやまって湯を沸かしている鍋の中に繭を落としてしまった。熱くて手を入れられないので、お箸の先で繭を拾い出そうとしたとき、一本の繭糸をすくいとった。

こうして、ミャオの人々は糸を紡ぐことを知ったというはるか昔の言い伝えである。果たして、ミャオ族がクワコを飼い馴らし、やがてカイコに育て上げたのだろうか。その蚕種が海を渡って博多にもたらされ、絹が生まれた……、ミャオ語は、一母音を八つほどの音階で操る独特の調子を帯びているが、そんな響きが博多へのロマンをかきたてる。

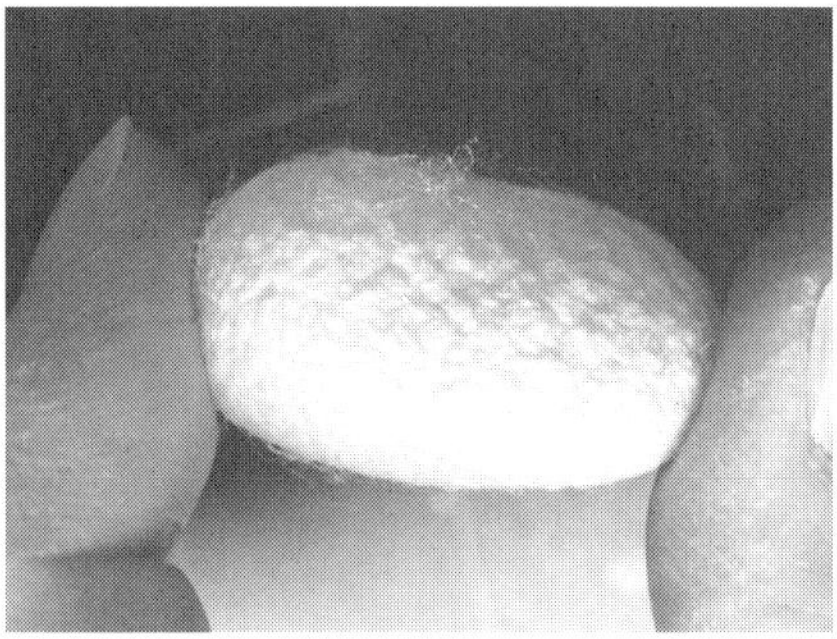

そして現在、福岡市にある九州大学がカイコを飼育し、系統保存を行っている。二つの結びつきに「ある運命」を感じないではいられない。弥生前期から二一世紀まで、カイコの吐く糸は、必然と偶然を重ね合わせながら、時空を越えて博多への道をつないだ。そう想うと、「今ここに手にしている一粒の繭の中に人類の歴史がある」という言葉に、深くうなずいてしまう。

繭

27と28

さて、クワコとカイコである。姿形がそっくりで、共に桑を食べて絹糸を吐き、繭を作る。カイコの祖先は先ず、クワコとみてまちがいないというのが現在の定説である。しかし、クワコとカイコには決定的な違いがある。染色体の数だ。カイコの染色体数は二八。ところが、日本のクワコは二七で、一つ少ない。「じゃあ、カイコの祖先はクワコじゃないの?」ということになるが、カイコを産み出した中国クワコの染色体の数は二八である。ということは、中国産のクワコ（染色体数二八）を長い時間かけて馴化し、中国でカイコ化した。その染色体二八型カイコが日本に伝わったと考えられる。時期は、前節で述べたように、弥生前期末である。

つまり、日本産クワコを馴化してカイコにしたのではなく、すでに馴化された中国カイコがそのまま日本に導入された訳だ。これについては、吉武成美氏が幾つかの方面からのアプローチを試み、「……すなわち、カイコは種の異なる複数の昆虫から由来したものではなく、クワコと祖先を共有する一種の昆虫から馴化されたものであり、カイコの起源は一元的と考えられる」と考察している。

ところで、クワコは中国、朝鮮半島、日本、ロシアに広く分布しているが、染色体数二七と二八の境界線がどこにあるのかは現在調査中の段階である。一本の染色体の違いは何を示唆するのか、興味深いテーマだ。

ここで、外山亀太郎の「クワコ」のページに戻ってみよう。外山は『蚕種論』の中で、「交雑による新種」と題して、クワコとカイコを交配し、F_1、F_2、……出て来る形質の違いを示す事で、かけあわせによってカイコの種類を変えることができると証明した。天才科学者は、メンデルの法則の適用にあたって、クワコの遺伝子に注目したのだ。

実は、九州大学では一〇年以上前からこのテーマに取り組んでいる。伴野先生は、「家蚕とクワコにおける形質変異および染色体変異に関する遺伝学的研究」で、平成二五年度の日本蚕糸学会賞を受賞している。要するに、クワコに詳しい。

そんな先生が『蚕種論』で、次の一節を読みあげた時のことだ。「クワコ蛾は能く飛翔し、……家蚕は飛翔する事なく、……第一回の交雑の結果、クワコの性質は幼虫の斑紋、繭の色、形状、蛾の斑紋、習性などに至るまで蚕の性質に対し、優性となることを知ることを得たり」

かけあわせの結果は、第一世代では全てクワコの遺伝子が優性……。そうなると、クワコとカイコをかけあわせたF_1は「飛ぶ」ということになる。「人間が何千年もかけて逃げないように飛翔能力を奪って馴化してきたカイコなのに、F_1が飛ぶ？」私は思わず、先生に確認した。「それはまちがいないことですか」と。

「まちがいないことですね。クワコは飛ぶことができるけれども、カイコは飛ぶことができない。……飛ぶためには、体も軽くないといけないし、羽も大きくないといけないし、筋肉も強くないといけないし、たくさんの遺伝子が関与しているので、それは3対1に分離するとかそういうことじゃなくて、それらが全部集まった時に、効果として優性に働く、飛ぶんだと思うんですよ」

飛翔できる単一の遺伝子がある訳ではなく、たくさんの遺伝子の組み合わせによってトータルで飛翔するということらしい。まるでジグソーパズルのように、幾つかのピースがピタリと合わさると、飛翔するカイコの姿が現れる……。しかも、少しでも家蚕に近づけると、もう飛ばなくなってしまうというのだから遺伝子の多様性というか、組み合わせの複雑さを改めて思い知らされる。

そう言えば、外山の『蚕種論』の中にこんな一節があった。「蛾ハ雌雄トモ自由ニ飛翔スルヲ以て、発蛾ノ際、注意ヲ怠ルトキハ皆飛び去ルヘシ。著者ハ之ガ為、多数ノ材料ヲ失ヒタリ」。外山がクワコとカイコのかけあわせ実験で、飛び去っていくF_1を見て、くやしがっている姿を想像するとなんとも可笑しく、天才科学者を身近に感じてしまう。

それでは、田中義麿博士からバトンを受け継いだ田島博士と共に、新しい世界に通じる遺伝学のトンネルに入ってみよう。そこでは、どんな遺伝子のピースが見つかるのか。現れて来るパズルの図柄が楽しみになってくる。

第六章

突然変異の発見

蚕日記28　**運命のセーブル**

田中義麿が築いた「カイコの城」出身のキラ星の一人、田島弥太郎（たじまやたろう）は、一九三五年（昭和一〇年）九州大学に、あるカイコを抱えて入学した。新入生はすぐには研究室に入れてもらえなかったので、下宿の二階で洋服の段ボールにそのカイコを入れて飼っていたのだ。変った学生がいると評判だったらしい。実は、田島は九大に入る二年前、高等蚕糸学校（現在の東京農工大）で、「カイコにおけるX線誘発突然変異の研究」というテーマで卒論実験を行っていた。当時、遺伝学界ではX線を生物に照射して突然変異を誘発させる実験が注目を浴びていたのだ。アメリカのハーマン・J・マラーが、ショウジョウバエにX線をあてて、人為的に突然変異を誘発できることを発見したからである。これまで自然発生的にしか生じなかった突然変異を、放射線を使って人工的に発生させる画期的な手法だった。一九二七年（昭和二年）のことだ。マラーはモーガンの弟子で、この発見により遺伝子が物質で出来ていることを明確に証明し、ノーベル生理学・医学賞を受賞。分子遺伝学の扉も開かれた。

第四章で触れたように、マラーの師モーガンと田中義麿は染色体上の遺伝子をつきとめる研究で、共に世界のトップランナーだった。そして、田中の弟子、田島は、カイコにX線をあてて突然変異を人為的に起こす実験で、マラーの後を追っている。ショウジョウバエとカイコの競争は続いていたのだ。

カイコのX線照射実験について、田島は『生物改造』（一九九一年、裳華房）にこう記している。

「……実験はホモの黒縞黄血蚕にX線をあててこれに形蚕（かたこ）*白血を交配し、F_1に出て来る変異蚕を捜そうというものであった。モザイク蚕が多数のほかにいくつかの変わり者が出て来たが、その中に一匹見たことのない斑紋をもった蚕がいた。親の黒縞蚕よりはるかに薄い、何となく汚れた感じの体色をもっていたが、……私はこの変り者にセーブルという名をつけ遺伝子記号をSaとした」。そして、「卒論で出会ったこの蚕が、一生涯、私に関わることになろうとは当時思いもよらなかった」と述懐している。

＊ 背面皮膚に斑紋のある普通のカイコのことで標準カイコとされている。

遺伝学者としてのスタートが「変わり者」のカイコだったとは……。ジグソーパズルに例えれば、偶然にもSaという一枚の強力なピースを手にしたことになる。そういう意味で、田島ほど、突然変異と運命の出会いを果たした学者はいなかったかもしれない。この発見が一九三三年（昭和八年）だから、遺伝学が革命期へ向うトンネルの入り口に差しかかった頃だ。

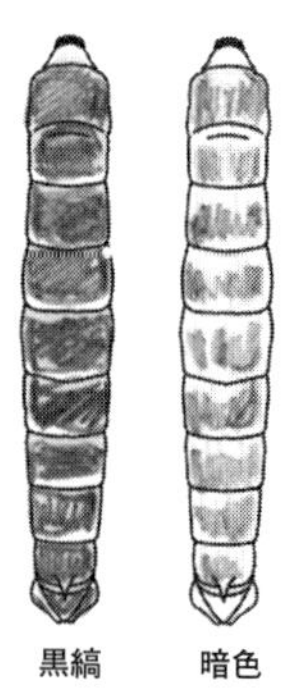

カイコ幼虫斑紋
（イラスト 井田徳浩）

蚕日記29　**これは大変だ**

それから、田島の研究はヒートアップしていく。九大卒業後、蚕糸試験場熊本支所に勤務した田島は、ここで思い切りカイコを扱えるようになる。外山や、田中の場合もそうだった様に、交配実験をするには正統な系統、品種のカイコをどれだけたくさん確保できるかが勝負だ。この点でも田島は恵まれた。偶然出て来たセーブルと他のカイコを次々にかけあわせていき、遂にPSaY[*1]という形質を持つカイコを出現させた。

そうして迎えた熊本での二年目の春、大事件が起こった。田島の回想をそのまま記してみよう。

実験室で助手の深川君に飼育番号を指定して、その区の中から、PSaY表現型のオスを一〇匹ほどもってくるように頼んだ。ところが彼はいくらまっても、蚕室から戻らない。どうしたのかと思って、蚕室へ出向いてみると、かれはまだ一生懸命に雌雄鑑別を続けていた。そして、「PSaYにオスはいません」という。ほかにも何区か同様な交配組み合わせの蛾区が飼育されていたのだが、どの蛾区にもPSaYにはメスもオスもいた。偶然私の指示した蛾区だけが、PSaYは全部メス、py[2]は全部オスであったわけである。「これは大変だ」。すぐに私の頭に閃いたのは付着染色体がW染色体に転座[3]したのではないかということだった。当時、橋本[4]によりW染色体にはメスを決定する強力な雌性遺伝子が存在するという主張がなされていたからである。

ここで、カイコの雌雄決定のしくみを説明すると、図の様になる。

カイコは二個の性染色体をもっているが、オスはZZで、メスがZWである。メスのW染色体には、優性のメス遺伝子

カイコのメスとオスの染色体構成図
（イラスト　井田徳浩）

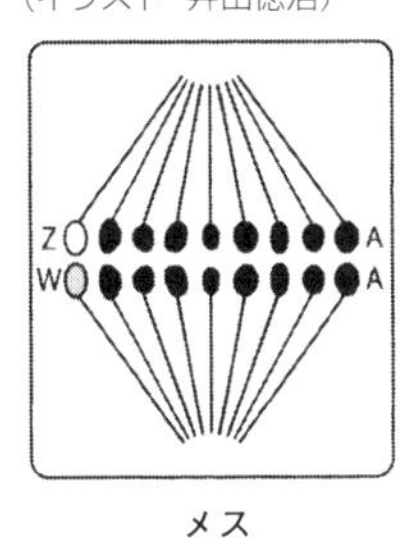

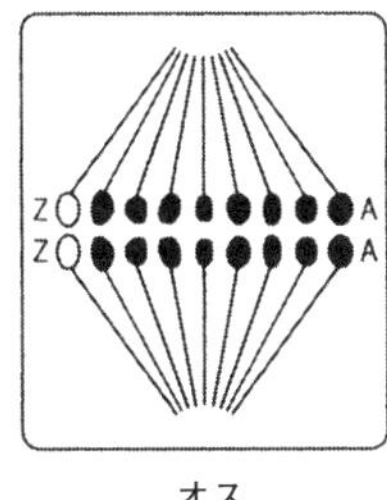

メス　　オス

Aは常染色体、ZとWは性染色体
『生物改造』図参照

が含まれている。この遺伝子は強力で、Wがあれば必ずメス、なければオスになる。Wはメス親から娘にだけ伝えられる。つまり、Wに何らかの標識（特徴）があれば、オスとメスの区別がつくということだ。田島の発見したセーブルがWに付着すれば、それは全部メスだということになる。田島が「これは大変だ」と思わず声を出したのも無理はない。

＊1　PSaYは優性姫蚕で、Yは白血。そこにセーブル遺伝子Saがのっている。
＊2　py姫蚕は半月紋、星状紋のないカイコで、姫蚕の発生は劣性遺伝子pに支配される。
＊3　染色体の一部が切れて同じ染色体の他の部分、または別の染色体に付着すること。
＊4　橋本春雄博士……蚕糸学者。カイコの性染色体についてオスはZのみ、メスはZの外にW染色体をもつ事を突きとめ、W染色体に雌雄決定作用があると発表。田島により証明された。

田島はこのセーブルメス（PSaY）に姫蚕オス（py）を交配して、生まれて来るカイコを祈る様な気持で待った。田島の推測が正しければ、PSaYは全部メス、pyは全部オスということになる。「このときほど次代の蚕が待ち遠しかったことはない」という田島の胸の高鳴りが聞こえてくる。果たして結果は推定通り！　田島はこの系統をW-PSaと命名した。斑紋があればメス、なければオス。一目でわかる。これで、カイコのオスとメスの鑑別が素人でも出来る様になった。

この発見からもわかる様に、遺伝研究の鍵を握る「突然変異」は、純系のカイコの交配を行わなければ確認できない。田島も「育成に用いるかけあわせ材料の性状がすぐれていなければ成果は出ない」と語っている。

蚕日記30　**トンネルの中**

しかし、それから苦難の道が待っていた。**W-PSa**は、正常なカイコに比べ、体質が虚弱で、繭が軽いという欠点があったのだ。オス、メスを簡単に選別できても、実用に向かなければ意味がない。原因はW染色体に余分な染色体がついているからだと推理した田島は、**W-PSa**を実用品種にするために、W染色体の**Sa**（セーブル）以外の部分転座染色体を取り除くことにした。現在なら、遺伝子工学の技術を使えば、酵素でDNAを簡単に切断できるが、当時は手作業によるしかなかった。そのため、X線照射を使っての気の遠くなるような染色体「手術」が続く。背景には、この時期、日本が太平洋戦争に突入し、養蚕家も人手不足だったことがある。素人でも簡単にオスメスを判別できるカイコ、しかも健康で、繭がたくさん取れる系統の開発が急がれたのだ。戦時中、絹は羊毛の代わりとして洋服生地に使用された。また、パラシュート生地用の強くて伸びのいい繊維を生むカイコの品種開発が重ねられた。寝る間を惜しんで目的のカイコを求める日々……、一九四四年

（昭和一九年）一応の完成をみて、国の指定品種に加えられる。しかし、「とり急ぎ」の開発だったため、一〇〇パーセント満足のいく結果という訳にはいかなかった。戦争が終わって時代が落ち着きを取り戻して来ると、それらの品種は更なる開発を求められることになる。

戦後、蚕糸科学研究所に移った田島は、尚もこの系統のかけあわせを続けた。すると、W染色体に転座（付着）している遺伝子に次々と突然変異が起こったのだ。更に、それらのかけあわせを育成し、一九六七年（昭和四二年）、研究所の真野保久技官によって、ついに限性品種*第一号が誕生。健康で繭が大きく、オス、メスを外観で鑑別できるカイコが完成した。その後、一九七六年（昭和五一年）には、田島自身の手によって、より高い品質の限性カイコの新品種が産み出され、国内に広く普及した。

＊ 常染色体上の斑紋、卵色、繭色などにあずかる遺伝子をW染色体に転座させて限性遺伝する系統をつくり、これを基に実用形質の改良を加えた品種。これによりオス、メスを判別できる。

この開発に当たっては、戦後の新たな国策が深く関わっている。というのは、田島研究室には「原子力研究」の名目で多額の予算がつけられたからだ。国は一九五五年（昭和三〇年）に制定した「原子力基本法」によって、原子力の研究開発及び利用を推進し、学術の進歩と産業の振興を図る政策を進めていた。東海村に初めて原子力の火が灯るのが一九五七年（昭和三二年）、国はその安全性を科学的に証明する必要があった。放射線を使ったカイコの実験は、放射線が人体にどんな影響を及ぼすかというデータにもつながる。だから、予算がついた。研究と予算……、多少苦い飴もなめなくては研究ができない……。現在も科学者の頭を悩ませる現実である。

ともかく、田島はカイコと共に、戦中、戦後を生き抜いた。この間の苦労を「実に三六年の歳月を要した。思えば長い道程であった」と吐露している。当時の状況を推し量れば、思いの外、深いため息だったのかもしれない。

しかし、遺伝学の歴史からみれば「古典遺伝学」から「DNA遺伝学」へと通じるトンネルを、田島は限性品種のカイコ開発でくぐり抜けたことになる。

蚕日記31　トンネルを抜けて

一九五三（昭和二八年）、遺伝学はついにトンネルを抜ける。

第四章蚕日記22の「染色体地図」でふれたように、アメリカの生物学者モーガンによって遺伝子が細胞核の染色体上に存在することが明らかにされ、モーガンの弟子マラーによって遺伝子は物質であることも証明された。以来、「その物質の正体はなにか」を巡って

染色体の中にＤＮＡが織り込まれている仕組み
（イラスト　井田徳浩）

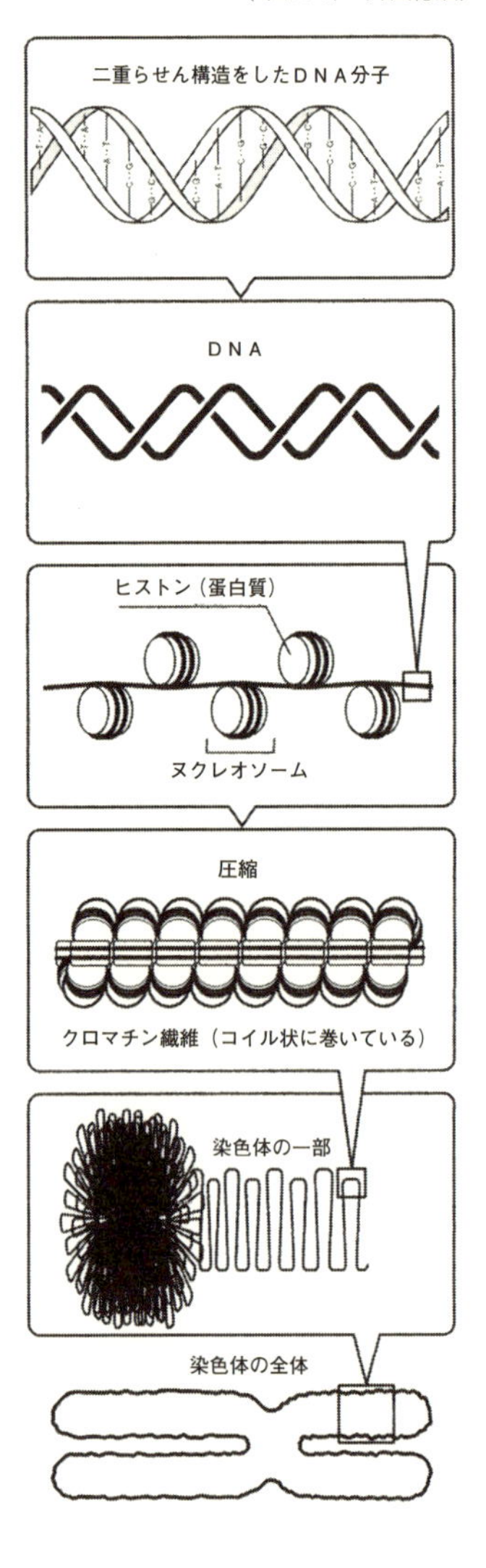

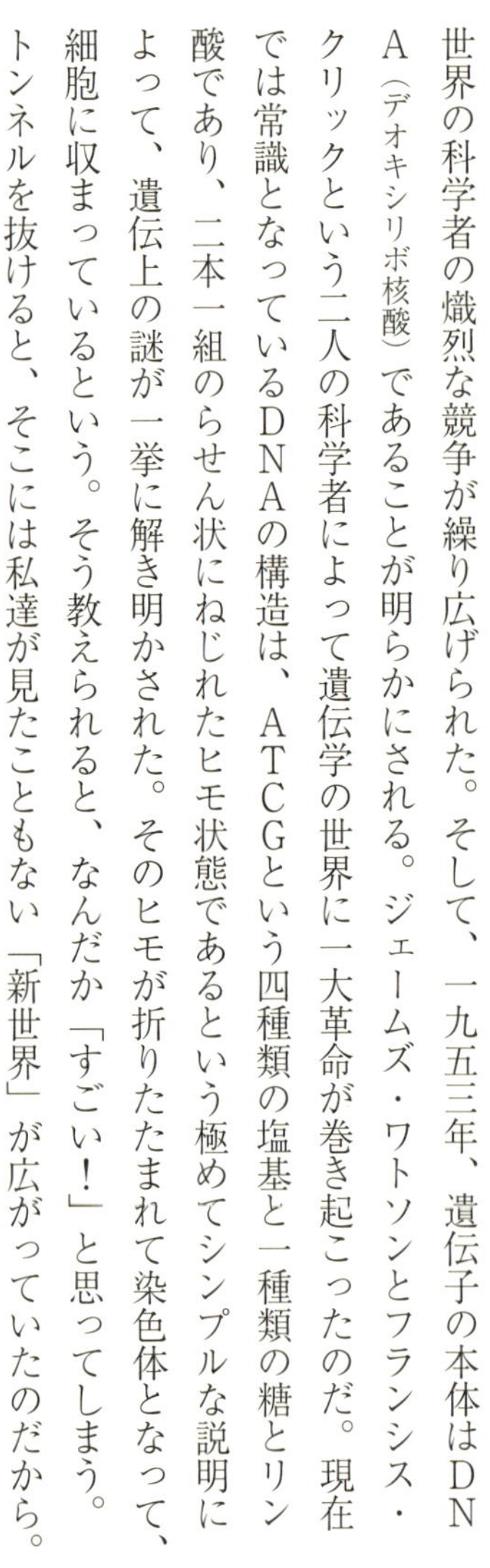

世界の科学者の熾烈な競争が繰り広げられた。そして、一九五三年、遺伝子の本体はＤＮＡ（デオキシリボ核酸）であることが明らかにされる。ジェームズ・ワトソンとフランシス・クリックという二人の科学者によって遺伝学の世界に一大革命が巻き起こったのだ。現在では常識となっているＤＮＡの構造は、ＡＴＣＧという四種類の塩基と一種類の糖とリン酸であり、二本一組のらせん状にねじれたヒモ状態であるという極めてシンプルな説明によって、遺伝上の謎が一挙に解き明かされた。そのヒモが折りたたまれて染色体となって、細胞に収まっているという。そう教えられると、なんだか「すごい！」と思ってしまう。トンネルを抜けると、そこには私達が見たこともない「新世界」が広がっていたのだから。

その後の遺伝学は怒濤のスピードで進み、分子遺伝学、遺伝子工学、生命科学と多様で複雑な分化を遂げている。ＤＮＡは、私達に生命の形を提示してみせた。現在では、ＤＮＡ鑑定はもちろん、人間のゲノムを一日で読み取ってしまう次世代シーケンサーまで登場しているというのだから、もう、「すごい」を通り越してしまう。「ＤＮＡの発見により、パンドラの箱はあけられた」と叫んだ科学者の気持ちがよくわかる。

そんな新世界で、カイコはどう生きてきたのだろうか。丁度その頃、日本で国立遺伝学所長を務め、一九六八年（昭和四三年）から国際遺伝学連合会会長の重職にあったのが、田島弥太郎博士だった。

「生物改造の立役者は何といっても、『組換えＤＮＡ』技術であろう。……これらの研究を行っている間に、私は属や科の領域を越えて生物種の遺伝子の導入は出来ないものかと、一再ならず感じた記憶がある。たとえば高温多湿に強いヒマサン*の遺伝子、ダイコンやハクサイをもりもり食べる青虫の遺伝子などを蚕に組み込むことができたら、素晴らしいと思った」と、遺伝子組換えに積極的な発言をしている。因みに著書『生物改造』の表紙は、桑ならぬリンゴをかじるカイコの写真になっている。

＊　ヤママユガ科の昆虫。インドのアッサムやベンガル地方の原産。

しかし、遺伝子組換えには倫理上の問題があるとして、一九七五年（昭和五〇年）開催のアシロマ会議[*1]では世界の科学者の間で激しい論争が展開された。その結果、科学者の自制を促す申し合わせが行われる。更に、安全性を考慮した「生物学的封じ込め[*2]」などについての合意をみている。

*1 二八ヶ国から一五〇人の分子生物学者が参加して一九七五年、アメリカ、カリフォルニア州のアシロマで開催された。科学者自らが、生命倫理の立場で社会的責任を問う歴史的会議となった。

*2 実験生物に特殊なものを使った遺伝子組換え生物が、万一、実験室から出ても、危険がないようにする方法。

この時、日本遺伝学会の会長だった田島は、個々の学会で対処できるものではないとして、学術会議の中にプラスミド[*]問題検討委員会を設け、「組換えDNA研究は科学者の自主的規制のもとに、充分の安全策を講じた上で、積極的に推進をはかるべきである」という見解を示した。

* 遺伝子組換えに用いられることが多い染色体外のDNA分子の総称で、DNAとは独立して自律的に複製をこなす。遺伝子組換え図参照。

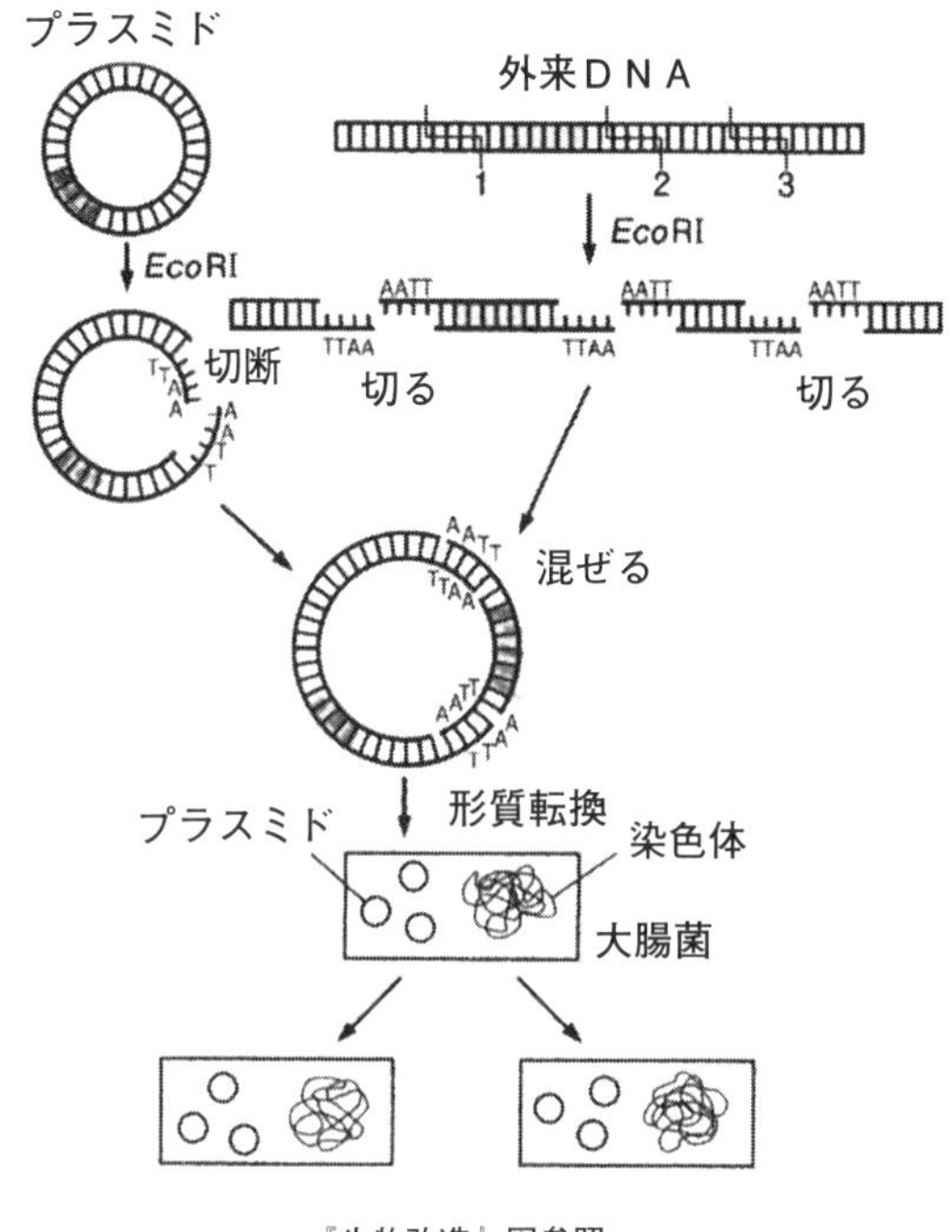

『生物改造』図参照

遺伝子組換え図（イラスト　井田徳浩）

田島自身はカイコを使った遺伝子組換えに意欲的で、『生物改造』の最後をこうしめくくっている。

カイコで遺伝子の移し換えを実現するためにはいくつかの戦術が考えられるが、……この技術が開発できればホルモンの投与をしなくても、ニワトリの卵ほどの繭を作るカイコや、いくら暑くても平気で耐えられるカイコの品種がつくり出せるだろう。カイコの体質を基本的に改造するためのベクター*開発、私は今このことに執念を燃やしている。

＊ DNAの運び屋。遺伝子組み換え技術に使われる。

トンネルを抜け出た先で、私は一粒の繭を見つめながら、長い時間考えてみた。「カイコの城」から出発した遺伝学は、田島博士がトンネルを抜けるあたりから、「科学の進歩とモラル」という難しい時代に入ってしまったようだ。しかし、私達はまちがいなく、DNA時代を生きている。さて、どうしたものだろう。

かつて、クワコをカイコに馴化したひと人々の何千年もの歴史が、遺伝子組換えによってあっという間になされようとしている。結局、人間が新たな生物を創るという意味では、同じことなのだろうか。でも、なんとも言えない不安を感じるのはなぜだろう。

新しい世界のカイコはこれからどんな運命をたどるのだろうか。

カイコのご先祖様、クワコに私は尋ねてみたい。「あなたは、どこに飛んでいこうとしているのか」と。

第七章　世界最大のコレクション

蚕日記32　p22

二〇一五年五月八日

大学の桑畑には淡い桑の香が広がっている。日記をつけ始めて丁度一年だ。久しぶりに伴野先生を訪ねた。この日は大学の仕事始め、「掃立て」の日。研究室は清々しさと緊張感に包まれている。

一年間眠っていたカイコの赤ちゃんが一斉に種から出て来て、しがみつくような格好で、柔らかい桑の葉っぱを食べている。これが、二八本の染色体に刻まれた一万七〇〇〇もの遺伝子をもつ生命体だと思うと、不思議でならない。

まあ、それを見ている人間にしても、四六本の染色体に約三万の遺伝子の集合体というのだから、同じDNA生物ではある。

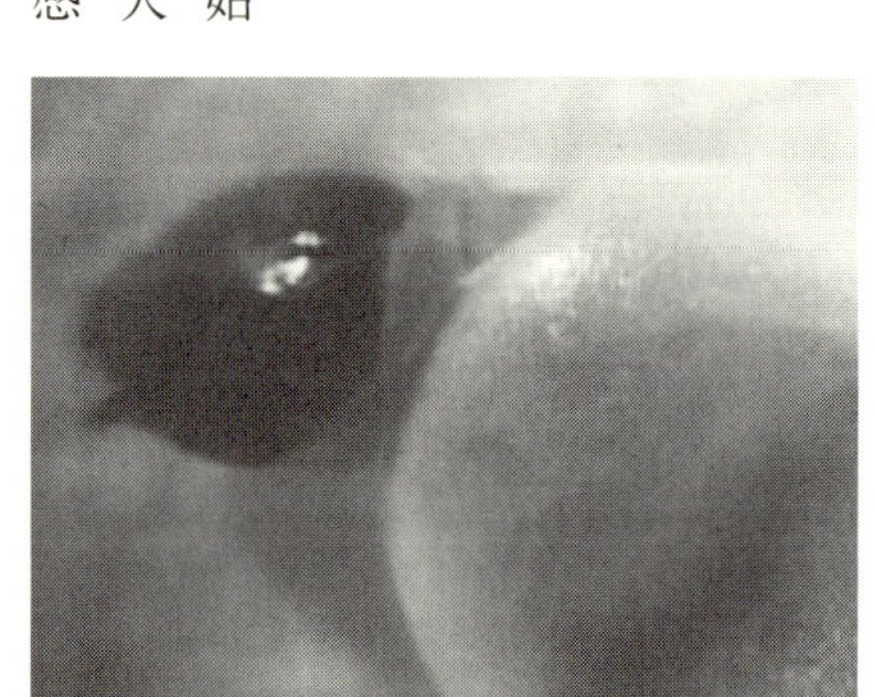

孵化

では、大学では八〇〇系統、二〇万頭以上いるカイコをどう分類していくのか。カイコの成長と共に記録の手順を追ってみよう。

それに先だって、登場させたいカイコがいる。名前をp22という。九州大学のカイコの主人公だ。なぜ、主人公なのか。実は、田中義麿博士が九大に養蚕学講座を開いた時に連れて来たカイコなのだ。以来、大学ではこのカイコを標準にしている。変異を確認するためには、比較の基準になる物差しが必要になる。そのスタンダードがp22なのだ。博士の『蚕の遺伝講話』（大正八年発行、明文堂）によるとp22は、当時「日本錦（ヤマトニシキ）」と名付けられた品種で、長野で蚕種業を営んでいた父親、右一が育てた優良種だった。「日本錦」の一年前には「千代鶴（チヨヅル）」という品種も持参している。これは現在p21と名付けられ、健在だ。どんなカイコだったのか。博士の解説文を読んでみよう。

千代鶴……長野県東筑摩郡片丘村、田中右一が掛け合わせ中より繭形長大厚肉、縮皺細美なるものを選び採種したるに、蚕は淡き眼状紋を有し蚕体白色肥大にして見事なりしかば、同人が嘗て製糸業を営みたる頃その生糸を千代鶴と称したるに因み之を新品種の名とし明治二五年より連年採種販売せり。

一方、日本錦（ヤマトニシキ）は「……虫質活発、飼育容易にして二化性第一化の生種に紅斑を帯ぶること多く、蛾の放尿多量なるを特徴となす」とある。

つまり、父親が育て上げた優等生のカイコを持ち込んだという訳だ。ここにも、九大に城を構えた義磨の意気込みが窺える。因みに「日本錦」という名前は、日清戦争の頃開発されたカイコで、「日本の錦旗東亜の空にはためく」のを祝して命名されたという。

当時は遺伝学の黎明期で、カイコの研究も手探り状態だった。だから、父親が開発した信頼できる優良種を標準にしたのだ。p22は現在も標準カイコとして九〇年以上、純系保存されている。

でも、なぜ「千代鶴」ではなく「日本錦」が選ばれたのか。前記の解説によれば、「千代鶴」の方が、繭は大きく肉厚で優良だというのに。伴野先生によると、「それはとても難しいのですが、千代鶴は姫蚕で、他の種と交雑した場合に他の形質が現れにくいんです。隠れちゃうんですね。遺伝形質を見るには、p22が優れているんです。形蚕で、最もカイコらしいカイコなんです」

要するに、繭質優良で養蚕に適したカイコと遺伝資源としてのカイコの価値は別ものなのだ。そういう基準から、品種名で呼ぶのは農業用（養蚕用）のカイコ、系統名は実験育種用と区別されている。ちょっとややこしいが、例えば同じ「日本錦」の場合、養蚕だと

「ヤマトニシキ」、系統だとp22となる。
今では八〇〇を越える系統も、最初は六系統のカイコからスタートしている。当時、それらは品種名で「青熟」、「又昔」、「バクダッド」、「シナ三眠」、「伊達錦」、「蝦夷錦」と呼ばれていた。しかし、明治維新以来、海外との交流が始まると、これまで見た事もない赤い繭のカイコなど次々に新しい品種が入って来るようになる。それを集めて交雑をくり返す内に数が増えていき、もう品種名ではおさまりきれなくなった。それでaとかb、1とか2などを使って記録する標記にしたという。

このように、大学ではカイコが増えるに従って、アルファベットと数字で名前をつけるようになったのだ。その時から「日本錦」はp22と改名されたのだが、pは、背面に三つの斑紋を持つ遺伝子の記号p3から。22は一九二二年（大正一一年）から記録されていることに由来している。九大では、突然変異を確認するかけあわせの時には、スタンダードなp22を使っているそうだ。ふるさとからもたらされたカイコが一〇〇年を経て通用しているとは、やはり、田中博士の慧眼だろう。

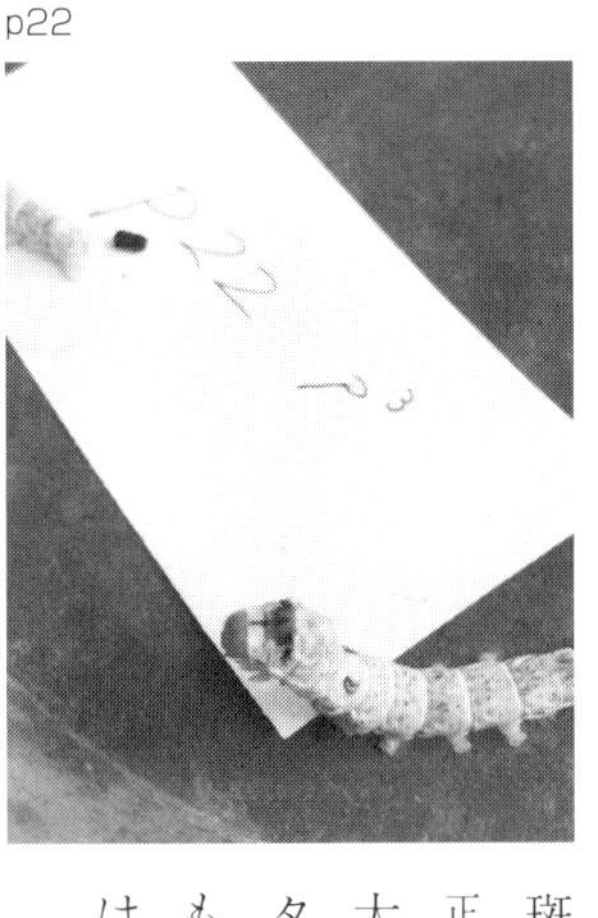

p22

卵形・卵殻色	卵色	幼虫肢・斑紋	幼虫斑紋	幼虫眼紋・頭尾斑
35	28	38	17	13
モザイク・き型	油蚕	地域型品種	染色体異常 交叉率	発育・眠性
17	40	23	16	25
				19項目計456系統

蚕日記33　**形質検査**

では、標準のp22を例にとりながら、記録簿に記載する形質検査をみていこう。

系統保存の上で、先ず大切なのは眼で判断できる形質の違いを確認することである。これを「可視形質」と呼んでいるのだが、卵の色や形、幼虫の斑紋、体色、繭の色や質など、各段階で合計一九項目の検査を行っている（表参照）。例えばp22を例にとると、繭形はくびれ形で、繭色は白。卵の色はフジネズミ色……という記載になる。これらは全て検査官の経験と眼に託されている。その結果にカイコの命の情報、遺伝子情報がつまっているのだ。

この道六〇年、七六歳になる技術職員、国分次雄さんに話を伺った。現役時代は九〇区以上任されていたという。一区には三〇〇から五〇〇いるので、一シーズンごとに三万六〇〇〇頭ほどのカイコを検査していたという勘定になる。

形質分類の表

形質による分類	胚死、幼虫到死	繭型・繭質	繭色
関連系統数	20	17	25
形質による分類	幼虫体色	幼虫体色	幼虫体型
関連系統数	24	28	28
形質による分類	蛹・成虫	関連分析用合成系	分析未了の突然変異
関連系統数	21	27	14

先ず、突然変異を見つけるコツはどこにあるのか質問した。

「九〇種類あるんです。それを自分で卵から繭になるまで全部飼い上げないといけませんからね。卵から出して、順番に大きくしていくでしょうが。小さい時からみてるからコツなんてないですね」

名人になると、コツなんてないらしい。「ごく普通にカイコを育て上げ、変ったカイコを見つければ、先生方に伝えるだけですから」という。呆気ないくらい淡々とした答だった。それでも食い下がって尋ねると、「カイコの顔は見た目でわかる。全然違いますよ。同じ品種の所に変なのが入っていたらすぐわかる。顔が全然違いますからね」。これも淡々とした語り口だったが、やはり名人だと思った。天才科学者外山亀太郎が「カイコの顔がわかるようにならないとダメだ」と東大の助手たちを叱り飛ばしていたというエピソードは大げさだと思っていたが、そうではなかった。毎日見つめていれば、やはりわかるのだ。

そこで、「突然変異を見つけたことはおありですか」と核心に迫ってみた。

「何回かありますよ。僕が見つけたのは、カイコの体の節ごとにプッと膨れては引っ込んで、プッと膨れては引っ込んでというもので、数珠のようなので『数珠蚕』といいましたが、こちらでかけあわせをして突然変異ということでしたね」

「金一封は出ましたか」

「出ませんね。金一封もらった人はいませんよ」と国分さんは大きく笑った。

これらの形質検査は一〇〇年間途切れることなく続けられている。一口に一〇〇年といっても、決して簡単なことではない。万といるカイコが決して混じらない様に飼育しなくてはならないからだ。一〇〇年の間には、災害や病気に人為ミス……、思いもかけないアクシデントがあったに違いない。伴野先生もそこを強調する。

「とにかく一番恐いのは混じっちゃうということですよね。だから、五齢の時に全部調査室に持って行って蚕箔（蚕の飼育容器）にいるカイコを全部カルトン（紙製の皿）に入れて調査するんですよ。混ざったやつがいないかどうか、品質をチェックするんです」

国分さん

普段、穏やかな先生もこの時ばかりは表情を厳しくして、「品質チェック」という言葉をくり返す。ミスをおかさないためには、カイコが繭作りを始める五齢までに、全ての系統のカイコをチェックしなくてはならない。検査項目一九の内、幼虫の項目は八にも及ぶ。「違うものが混じっていないか……」とても神経を使う。

それにしても四五六系統、一日あたり五万頭の蠢いているカイコを一斉に検査する図は圧巻……というか、ある種、不気味な迫力がある。白、黒、モザイクなど色の違う体長約八センチのカイコが部屋いっぱいに広げられ、ゆっくりと頭をもたげたり、そろりと動いたりしている図を想像して頂きたい。

「そうして、チェックしたものを毎回、帳面に記入していくんですよ……」

もちろん、「気味悪い」などまちがっても口に出せる雰囲気ではない。厳粛な空気の中で、先生はひたすら記録していく。記帳にはボールペンではなく、青のインクが使われている。「古くから使われているので耐久性がある」からだという。こんな所にも記録を残すための周到な気配りがなされて

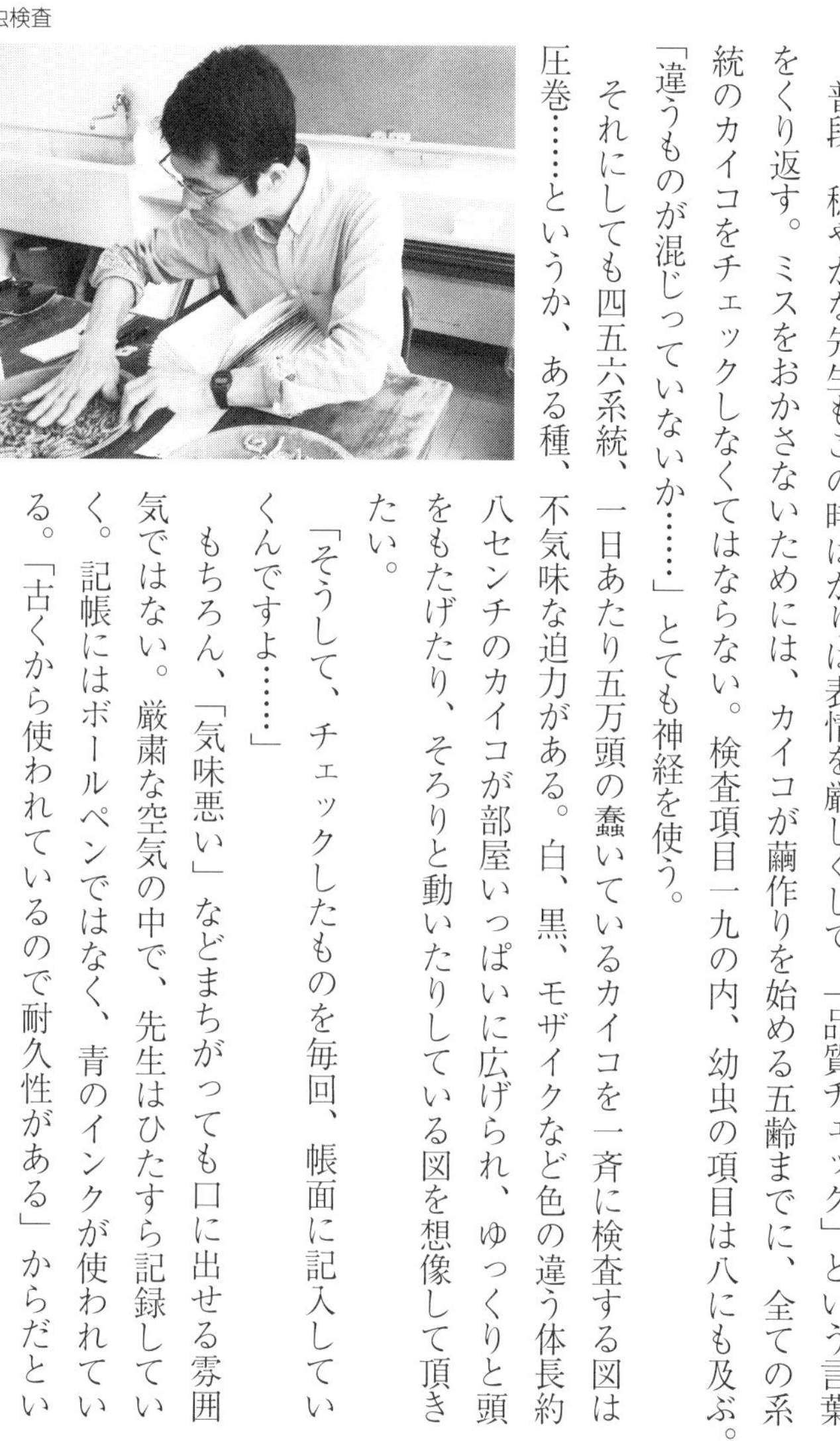
幼虫検査

いる。

蚕日記34　カイコの辞書

私はこの記録簿を「カイコの辞書」と呼んでいる。というのは、九大にいるカイコの来歴、特徴は「カイコの辞書」を引けば、すぐに明らかになるからだ。どんな親から生まれて、どんな特徴をもっているのか。もし辞書がなければ、変異を見つけても、それが過去のかけあわせによるものなのか、突然変異なのかどうかを判断することはできない。私達が読めない漢字を部首や総画数を頼りに漢和辞典で調べる方法にそっくりではないか。ただ、決定的に違っているのは辞書の対象が生きているということだ。

生きたカイコの血筋を何代にも遡って辞書で調べ上げていく……。それをつなぐと家系図になる。では、そんな家系図の一つを見て頂こう。

これはu30というカイコの家系図だが、ずーっと下の方をたどっていくと、クワコと紹興をかけあわせたオスに、田中博士の持って来た千代鶴ことp21のメスを一九一九年にかけたものだとわかる。それからもずっとかけ合わせを行い、現在はu30として固定化されている。実は、家系図の選択は難航した。「先生、どれか一つわかりやすい家系図を選んで頂けませんか」とお願いしたのだけれど、中々決まらなかった。「八〇〇系統もあるの

u30の家系図（九州大学提供）

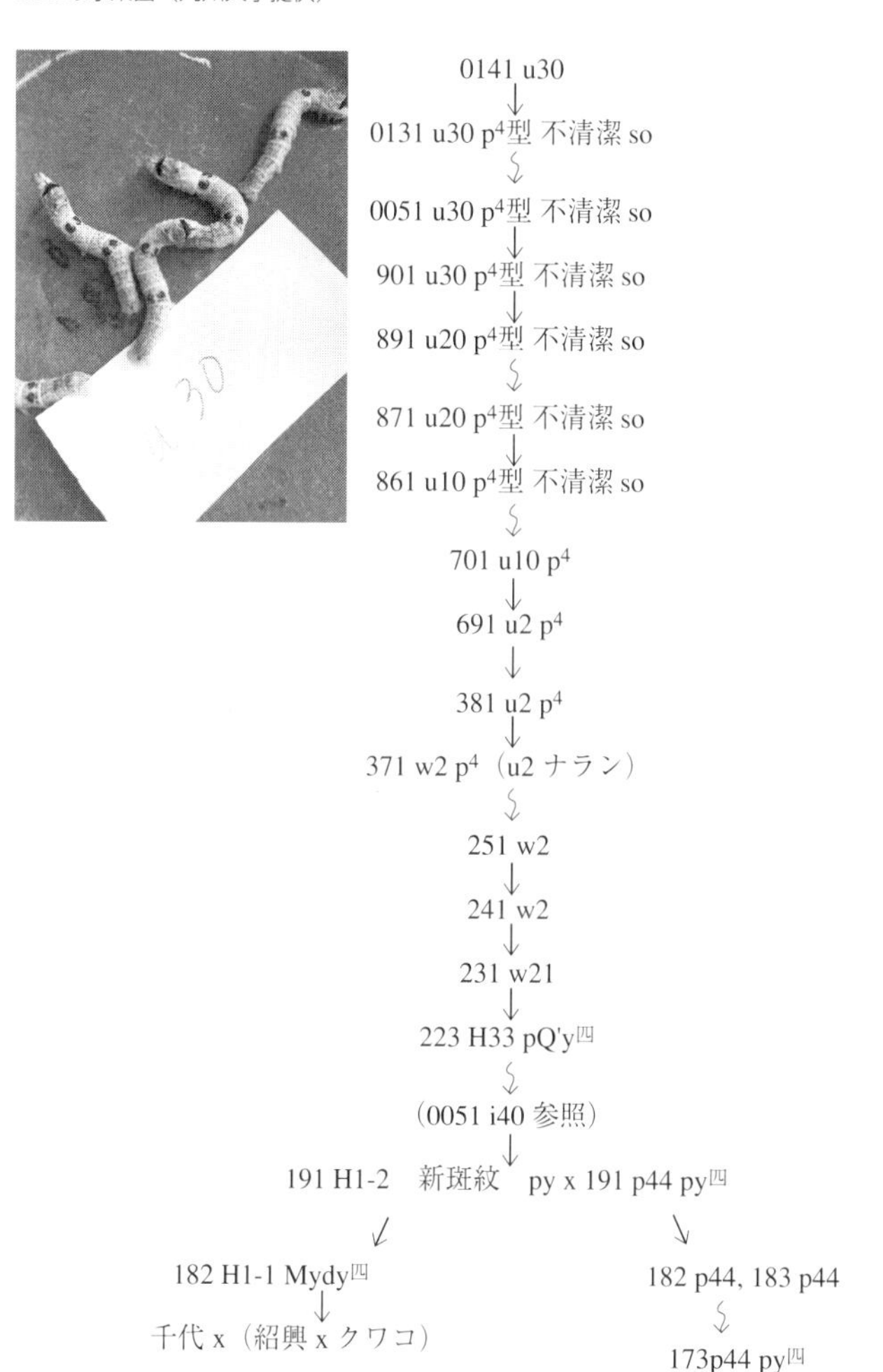

だから、どれか適切なものを」と気軽な気持ちからだったが、こちらのトンチンカンも手伝って、一つの系統の説明に三〇分はかかる。もし、八〇〇系統全部の中から選ぶことになれば、一七日間かかる計算だ。しかも、素人には家系図のカイコ記号の判読ができない。

「お気持ちはわかるんですが、ストレートにわかるものって中々ないんですよ」と幾つもの家系図を広げながら、先生は気の毒そうな表情をした。

悩んだ末に、クワコファンの私としては、千代鶴とクワコを祖先とするu30を選ぶことにしたのだ。「カイコの祖先のクワコがこんな形で後代に生きているのだな」という想いで見て頂ければ幸いである。もう一つ、家系図の裏には一つの変異も見逃さない眼が光っていることを読み取って頂ければ尚、幸いである。正確さとクオリティの高さを証明する「眼光紙背に徹す」一〇〇年の家系図を。

それにしても驚くのは、田中博士の時代から連綿と続く「カイコの辞書」が一〇〇年を越えて現在進行形という点だ。その数は、二〇一四年現在で三二二冊に及び、世界最大のコレクションを形成している。だが、辞書でカイコの新しい運命を調べることはできない。なぜなら、センターは命を創ることが目的ではなく、命をつなぐことが使命なのだから。

例えば、遺伝子組換えのカイコについて。

「こちらでは遺伝子組換えはしていらっしゃらないんですか」

「一切していません。他の所で遺伝子工学的に作ったものを、安全に保存して下さいと要請があったものに対してだけ受け入れているんです」

受け入れ数は一四〇系統でコレクション全体の一七・五パーセントに及んでいる。辞書のページに新しい造語が加わっていく格好だ。造語はこれからも増え続けるだろう。それを読み説いていけば、或いは新しいカイコの運命を、予測することができるかもしれない。

先生に記録簿のことを「まるで『カイコの辞書』ですね」といった時、「その辞書の裏には卵がずっとあるわけですから。図書館でいったら、書庫がカイコの種で一杯になっていくんです」という返事が返って来た。

カイコの辞書（九州大学提供）

確かに、辞書といっても図書館に静かに収まっている訳ではない。記録簿は生きたカイコと一心同体だ。いわば、生きている辞書だ。種があって初めて記録の価値が発揮される。

そのために、「カイコの辞書」は難題を抱えている。増え続けるカイコの種をこれからどう保存していくのか。先生は少しためらいながら、「増えていくカイコの種を収納できなくなるので、精子や卵巣を冷凍保存すれば大丈夫かもしれません」。先生はためらいながらそう答えた。

永遠の辞書は冷凍保存か……。

蚕日記35　**先生の大発見**

二〇一五年二月二八日

ここで報告したいことがある。実は、先生に前田家風穴を案内してもらったその足で、田中博士の生家を訪ねた。場所は前田家風穴から二〇キロほど南に下った塩尻市。長野県のほぼ中央に位置し、JR中央東線、西線、篠井線を集約する交通要衝の地だ。

義麿は、ここ塩尻市の東筑摩郡片丘村で一八八四年（明治一七年）九月二六日に生まれている。祖父の代までは染物屋を営んでいたが、父親、右一は進取気鋭の志で蚕種業、製糸業を営み成功した。

実家は重要文化財に指定されるほどの旧家で、がっしりとした木造の家屋である。現在は孫の田中耕一さんが家を守っている。「寒いからこちらにどうぞ」と通された居間で大

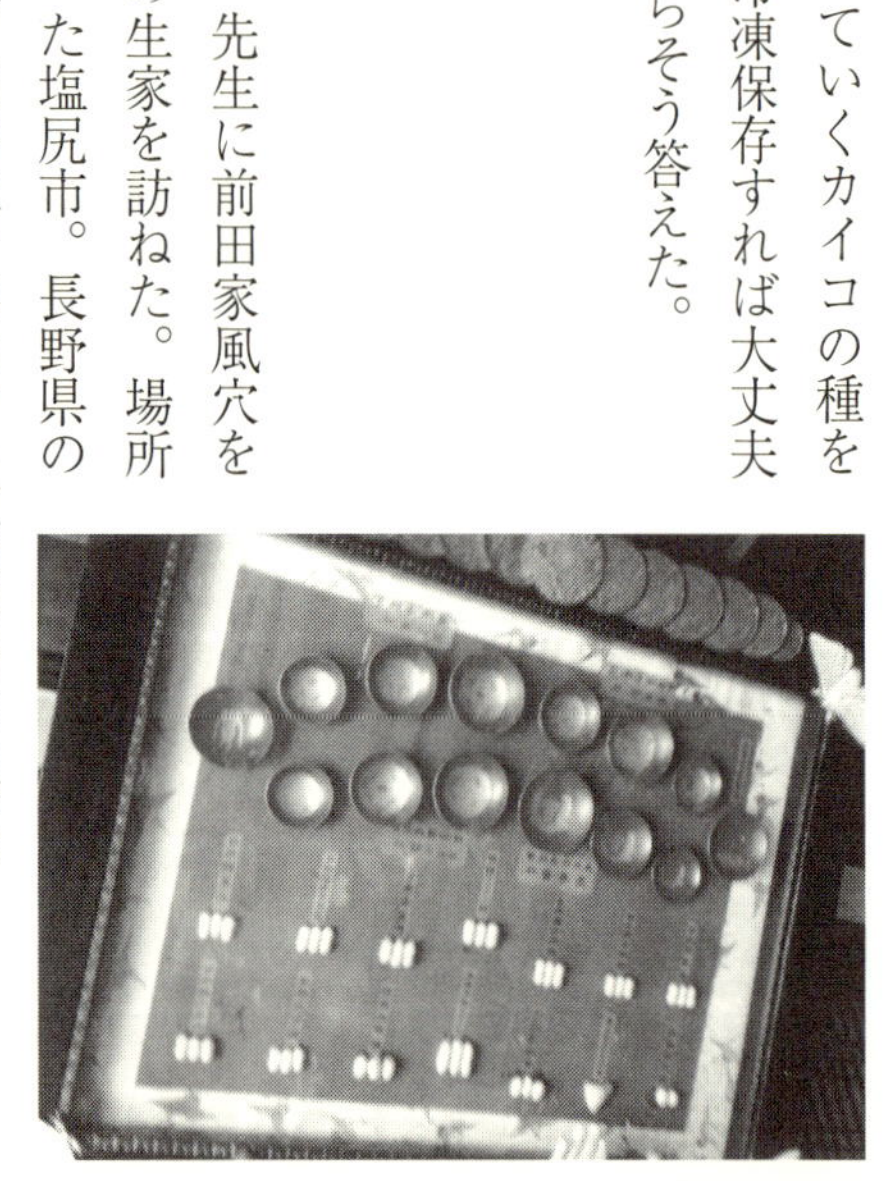

額装された繭

発見があった。

それは、額装された繭にあった。羽を広げたカイコ蛾の彫り物を四隅に配した立派な額の中にいくつかの繭が収められている。皇室名誉受賞杯の下に飾られた繭は三個一セットで一四種類あり、品種名が木札に墨で書かれていた。一目見るなり、伴野先生は「これは……」と絶句。暫くして「富岡製糸場と並ぶ文化遺産ですよ」と声を上げた。

先生が注目した繭は逆三角の形をしていて、他の俵型とは明らかに違う。木札には「青森県弘前産　綿蚕」と書いてある。綿蚕は「ワタコ」と読み、糸には不向きなので、文字通り綿として使われていた繭だ。一方、生糸用の繭は「絹蚕繭」と書き、「キンコマユ」と可愛らしい読みをする。普通のカイコは一頭で一つの繭を作るが、綿蚕は複数のカイコが合同で繭を作ることが多いので、繭は大きく、綿状である。糸がゴツゴツしているので絹蚕繭からみるとランクが下がる。そのため、家庭用の寝具や防寒着に使われていたそうだ。

でもそれがなぜ、大発見なのか。

蚕日記36　**綿蚕のルーツ**

二〇一五年三月一八日
長野から帰って三週間たったころ、大発見の訳を教えてもらおうと、田中家で撮影した写真を持って伴野先生を訪ねた。すると、先生は資料を出しながら「田中先生、やっぱり綿蚕が気になってたのかなー」とつぶやくように声を出した。それからいつもの口調に戻って話を始めた。

「綿蚕というのは実はずっと謎なんですよ。これは明治の本なんですけれども」と言って、東京蚕業講習所*の石渡繁胤さんという技師が記した文書を取り出した。

＊ 現在の東京農工大と農業生物資源研究所の前身。

それには「多蚕繭種試験」と題して綿蚕についてこんな風に書いてあった。「多蚕繭種と称するは数蚕合同して結繭する性質のカイコで、繭質を調査せんと欲し、本年収集せるものは次の三種なり」

(甲) 新潟県産の青白同功繭種（同功繭とは、複数のカイコが共同で作った繭のこと）

(乙) 青森県産の大如来種

(丙) 琉球八重山産の琉球同功繭種

とあり、それらの成育状況、特徴が報告されている。

明治といえば養蚕が全盛を迎えた時代で、蚕種や生糸が国の主力輸出品として外貨を稼いでいた。だから、糸に不向きの綿蚕は品質改良もされず放置され廃れていった……。これが謎の所以だろう。

ところが、江戸時代には青森県で綿蚕は租税として使われていたという歴史があった。

先生はそれを裏付ける次の資料を読み上げた。大正八年発行の「青森県養蚕業沿革の一端」だ。「この記録を読むと、青森県というのは真綿の品種が江戸時代にあったと書いてありますよね。私が注目したのは一六八七年という時代ですね、こういう真綿用の蚕を飼っていた時代があるということなんです。三、四頭が一緒になってでっかい繭を作っていると書いてあるんですね」

私は思わず「じゃあ、それが、これ！」と写真の三角の繭を指した。

「そう、恐らく」

ところが、それ以降「綿蚕」の消息は途絶えているのだ。その幻の繭が、例の額に入っていたから先生は驚いたのだ。しかも、九大ではb22という綿蚕を「大如来」として系統保存している。もしかしたら……。

「びっくりしましたよ。なんでこんなところに飾ってあるのか。うちのカイコ、『大如来』というんですが、それに非常に似ている。家系図をみると、うちのはグンゼ（株式会社）から一九六四年、オリンピックの

綿蚕

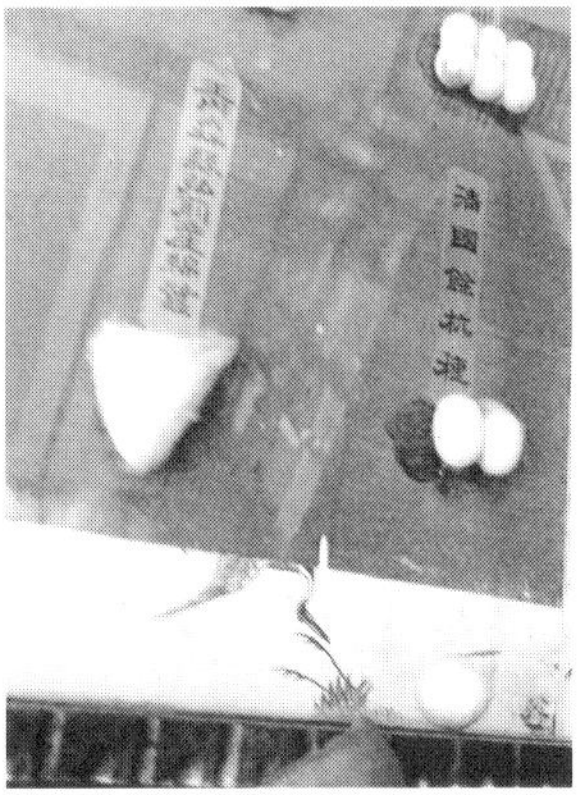

年に、もう五〇年以上前ですけど、グンゼから来たっていうことになっているんですよ。それがおそらく青森産のものだと思うんですよ。田中先生の額縁を見たらね。驚きましたよ。だから、私にとっては世界遺産レベルの発見なんです」

先生は、大学のb22のルーツは青森弘前産の「大如来」だとにらんでいる。あの額縁の中の綿蚕だ。そうなると、「大如来」は田中義麿が「日本錦」や「千代鶴」より以前、あるいは同じ時期に持って来たという可能性も生まれてくる。五〇年の空白は埋められるのか。

しかし、そのためにはあの額装された綿蚕の繊維を調べなければわからない。果たしてb22と一致するのか。「額縁の繭」は発見の大きな手がかりになるかもしれない。

蚕日記37 コレクション第一号

そして、ことの大事を説明するのに、先生はもう一つの綿蚕の家系図を取り出した。この家系図を見ると、伴野先生があれほどこだわった理由が納得できる。

九州大学の記録で一番古いカイコの記録はb20だという。これまで一度も他の系統と交配をしていない純系である。さっきのb22と名前は似ているが、b22は青森産。b20は南の産で、沖縄からやって来た「琉球綿蚕」。これは一九一三年（大正二年）に田中博士が東京蚕業講習所から譲り受けた種だ。一九一三年といえば、義麿が東北帝大農家大学（現在の北海道大学）で、日本初の遺伝学を講義した記念すべき年ではないか。その年に、義麿はすでに綿蚕に注目していたのだろうか。譲り受けた綿蚕を大切に飼育しながら、やがて九大へその種を持って来た。そこから現在に到るまで延々と系統保存されている。b20は辞書の第一冊目に記載されている一番古いカイコである。世界最大のコレクションの第一号がb20なのだ。

これに関連した面白い記事を見せてもらった。加納隆という沖縄県の技師が一九一七年（大正六年）に書いたもので、「沖縄県における蚕の種類の趨勢」と題されている。綿蚕は当時の沖縄でも絶滅寸前のカイコであったらしく、「……百万探求の結果、本島最西端の一孤島においてわずかに物好き者の保存せる少量のものを発見した」とある。

幻と言われていた綿蚕が、一〇〇年間保存され九大で今も生きていると知ったら、沖縄の加納技師はどんな顔をするだろう。

綿蚕の説明に家系図を取り出した先生は、品種名が出るたびに何度も「カイコの辞書」を確認しながら、「ほら、ここにあるでしょう」をくり返す。先生の口癖だ。

こうして、大発見を理解できた気がするけれど、私にとっては、一〇〇年前の「日本錦」と「千代鶴」の繭を見られたことの方が感激だった。先生、すみません。

笑顔の田中義麿（田中家提供）

すみませんついでに、もう一つ。田中博士が最初に記録したカイコが綿蚕だったというのは、何を示唆するのだろうか。古代、日本では真綿用の品種と糸繭用の品種とは区別して使われていたとあり、「蚕」の字をとって「わた」と読ませていたともいう。そうなると、カイコのルーツ、「クワコ」が馴化されていく比較的早い時期に綿蚕が存在したのではないだろうか。長野訪問以来、私の頭の中ではクワコが飛翔して、そんなことを告げたりもする。もちろん、これは素人の妄想的推測にすぎないけれど。たびたび「すみません」。

すみませんついでという訳ではないのだが、次の写真を見て頂きたい。田中博士の笑顔である。田中家を訪問した際、ご縁戚の原幸子さんが「ぜひ、この写真をお見せしたい」と持ってみえた。峻厳な博士のイメージが余りに大きいので、「大伯父には、こんな一面もあったということ知って頂きたいのですよ」とおっしゃる。もしかしたら、思い出の繭を額装した時の博士の笑顔かもしれない。

第八章　コレクションを守る求道者たち

蚕日記38　淡々系

二〇一五年四月九日

形質検査の名人、元技術職員、国分さんの経歴を伺いながら、これまでどれだけの人達が世界一のコレクションを守ってきたのだろうと思った。伺うと、常勤で五〇〇人、季節パートの人達は一〇〇〇人ほどだという。一五〇〇人という数の人達が一〇〇年間にわたってカイコの面倒をみながら、黙々と系統保存をして来たのだと思うと、なんだか感無量である。

さて、国分さんだ。鹿児島県の知覧出身で県の養蚕試験場でカイコについて勉強。それから東京の蚕業試験場を経て一九歳で九州大学に就職。田中義麿博士の設計した蚕室で働いた貴重な経験の持ち主である。インタビューは、ふるさと鹿児島から始まった。

「僕らの頃は、鹿児島は養蚕が盛んで、どこでも蚕を飼っていたんですよ。人の住むところがないくらい、普通の住宅でも蚕を飼ってましたよ。蚕ばっかしで、もうすごかった」

国分さんが若いころは全国各地でまだ養蚕が盛んだったので、カイコで身を立てようと思ったのだ。しかし、それからあっという間の雪崩現象が養蚕業界を襲った。

そんな国分さんが九大に来て驚いたことがあった。

「とにかくカイコの種類が多いということにびっくりしましたね。それまでの試験場では一種類か二種類だから。繭の生産量があるものばっかり飼っていたんですからね。だから、僕は白い繭しか知らなかった。それがここでは黄色はあるしピンクはあるし……ほんとびっくりしました」

養蚕だと冬場は仕事がないが、九大の系統保存のカイコだと五期まで飼うので、一年中働けた。収入が安定するので有難かったが、それだけに仕事はきつかった。

「勤務はすごかったですよ。先生が厳しい先生で。朝は五時半から六時に一回目の給餌。一日五回エサをやるからですね。一〇時、一時、夕方の六時、夜中の一一時。その時は、九大の農学部の中にあった飼育棟の隣の寮で寝泊まりしてました」

年中ほとんど休みはない。子どもの運動会や授業参観には一度も行ったことがないし、身内の葬式にも出なかったという。

「それはもう任されているからですね。休めんですよ」

定年後も国分さんは、形質検査を手伝っている……、というより見守っている。そんな永年の功績が認められて、一昨年、蚕糸会の大きな賞を受賞したと伴野先生から教えてもらっていた。

「なんという賞だったんですか」

「もう、ちょっと忘れましたね。東京まで行って表彰を受けましたがね」と返事は至ってそっけない。それで、こう聞いてみた。

「一番こだわっていらっしゃるカイコはなんですか」

「そりゃもうp22とか、p21とか昔からの蚕ですよ」。あの日本錦と千代鶴だ！

「それがずーっと今まで来ていますからね。そりゃもうすごいと思いますよ」

名人は世界一のコレクションを自慢する風でなく、淡々と鹿児島弁で「すごさ」を語った。

では、もう一人の「淡々系」を紹介しよう。技術職員現役の田村圭さん三八歳。こちらも超淡々だったが、九大での面接話には大笑いした。

「愛媛の農業大学を出て、九大で募集があったので面接を受けました。面接では『カイコは大丈夫ですか』って聞かれて、見た事もなかったので、『大丈夫です』と答えました」

私は笑いながら、「カイコ、気持ち悪くなかった?」と聞いてみた。すると、「最初はダメでしたね。特に集団になると、気色悪くって……」

それでも、やがて「大丈夫」になって、変異を一つ二つと見つけるほどになった。

田村さんは、カイコよりも桑園の手入れの方が好きだという。一番多い時は一日六〇〇キロの桑が必要になるので、桑摘みは重労働だ。一かご一五キロを背負ってセンターまで何度も往復する。「ま、今は軽トラを使っていますけどね」と、田村さんは笑った。

三ヘクタールもある広い桑園で、田村さんは何を考えているのだろうか。印象に残ったのは、結婚する時の話だ。フィアンセに「どんな仕事をしているの」と聞かれて、「カイコ飼いよる」と言ったら、「へー、珍しいね」。それでもめでたく一緒になれたのだから、いい奥さんに違いない。

田村さん

田村さんより五歳年長の西川和弘さん。伴野先生を支える技術職員だ。一年中で一番緊張するという「掃立ての日」の休み時間に話を伺ったが、答は驚くほどストレートだった。

「ここの世界は一〇〇点が〇点です。例え一つでも系統を失えば、地球上からそのカイコが消えてしまうということですからね。このカイコが大事、このカイコは大事じゃないということじゃなくて、全てが大事なものですから。ミスは許されません」

「春の系統保存だけは、ものすごく緊張してやってます。掃立てから六月の上簇まではものすごく緊張しますね。だから、飼育が無事に終って、種採りが終わると、ほんと、ほっとします」

キャリア二二年の西川さんにしてこの言葉である。話には、一直線の力強さがあった。とても素朴でぶれない力……、「命を絶やさない」。それが、スタッフを引っ張るリーダーシップとなっている。

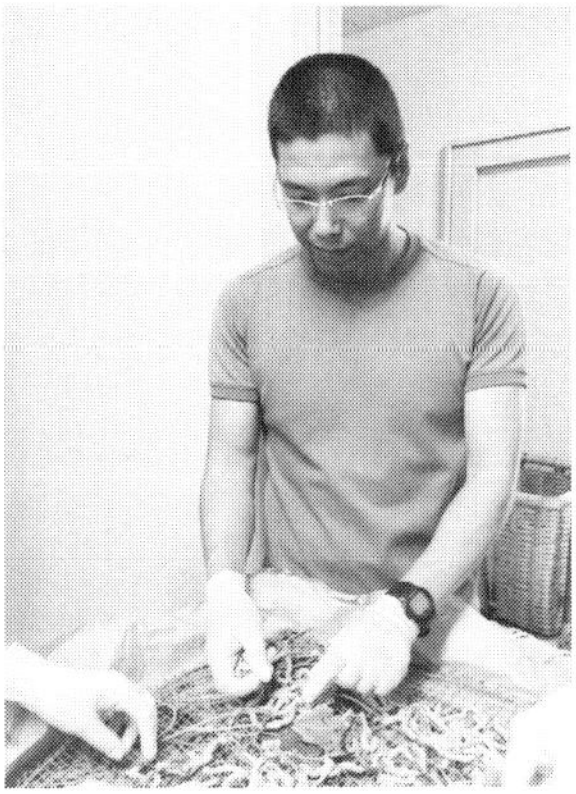

田村さんにしても西川さんにしても、相当なキャリアを持っているが、「やりがい」を尋ねると、「系統を維持していくことです」と明快に答える。それ以上も以下もない。世界一のコレクションは気負いのない「淡々系」の求道者たちに支えられている。

西川さん

蚕日記39　カイコの強運

振り返って世界最大のコレクションに危機はなかったのだろうか。先ず、病気だ。第二章で、ヨーロッパで大流行した「微粒子病」についてふれたが、詳しい話を専門の河原畑先生に伺った。要約すると、次の様になる。

カイコの代表的病気には、ウイルス病、糸状菌病、原虫病、細菌病や原因のよくわからない軟化病などがあるが、その中で、ヨーロッパで大流行した「微粒子病」というのは、一八四五年、南フランスのカバイヨンで発生し、イタリア、スペイン、トルコなど近隣諸国にまであっという間に広がった。一八六四年までにはヨーロッパの養蚕国で、この病気に感染していないという保障のあるカイコを飼うことは不可能な状態にまでなっていた。しかし、日本だけは微粒子病の圏外にあったので、日本産の蚕種が大量にヨーロッパに輸出され、蚕の明治維新を牽引するという皮肉な結果になった。

少し横道にそれるが、「病気が発生した南フランスのデューランス河畔は、映画『河は呼んでいる』の主題歌で有名になった所です」と先生の説明にあったので、早速ネットで調べてみたら、何ともいえず純朴で美しいメロディが流れて来た。先生の余談はやはり面白い。

それにしても、なぜ全滅するほどに大流行したのだろうか。

「微粒子病がやっかいなのは、メスの卵の中に入り込んでいくんです。感染がひどいと産む卵の数が少ないし、ほとんど死んでしまいます。ですけど、中途半端に軽い感染だと、卵を産むんですよ。その中に感染した卵が入っていると、それから広がって大変なことになるんです」

加えて、一九世紀中期のフランス養蚕業の急速な発展が背景にある。それまでは、フランスの小規模な養蚕農家で作っていた蚕種が飛躍的に生産量を伸ばして、流通が拡大した。ローカルからグローバルへと伸展した蚕種の流通網が「微粒子病」大流行の原因になったと、先生はみている。

では、大学ではどうやって感染を防いでいたのだろう。

「先ず、桑ですね。九大の桑畑は町の中にあるからいいんですよ。近くに養蚕農家や桑畑もなかったし、野外昆虫の微胞子虫が紛れ込む確率も低いしね。そういう意味で地の利がいい。『微粒子病』の侵入を防ぐためには、産卵後の母蛾検査*を行って来ましたし、特に新しい突然変異系統等を外部から入れる時は、細心の注意を払って来ました。まあ、永年の努力のたまものですよ」

＊　ルイ・パスツールによって微粒子病は、母蛾の卵経由で次世代の感染が起こるこ

とが明らかにされ、以降、母蛾検査によって健全な蚕種が得られるようになった。

九大での病原体管理はそれほど厳重だった。特に、突然変異体には神経を使った。今も作業室はチリ一つない清潔さだし、センターの床や器具も定期的に消毒が行われている。

笑ったのは、病気の話の中で飛び出した「ゴロツキ」というカイコだ。

「性質が悪いのは、卵の殻の中までカビが生える可能性があるんですね。だから、時々ふいてやらないと中までカビが生えたりする。とにかく生まれてすぐに病気になりやすい。蟻蚕の時ですね。さんざん桑を食った後に繭を作らないカイコを『ゴロツキ』と呼ぶんです」

そういえば、冷蔵庫で保存している大学の蚕種はカビが生えない様に、時々ホルマリンでふいているという伴野先生の話を思い出した。

ところで、第二次世界大戦中、カイコは無事だったのだろうか。伴野先生の調査によると東京の農林省ではカイコの疎開、「疎蚕（そかいこ）」という措置をとっていたそうだ。一方、福岡には高射第四師団があったため、市街地は常に焼夷弾の脅威に晒されていたが、なぜか「疎蚕」はしていない。一九四五年、戦争末期の六月十九日から二十日にかけてはアメリカ軍機の大空襲を受け、福岡市内の三分の一の家屋が焼失、一〇〇〇人以上が死亡、行方不明という大惨事になった。しかし、幸いにも「カイコの城」は無事だった。当時の関係者は生きた心地がしなかっただろう。もう一つ付け加えると、一九六八年、九州大学の箱崎キャンパスにアメリカ軍のファントムが墜落する大事件があった。養蚕室のあった敷地内だ。しかし、この時もカイコは無事だった。「あわや」という危機を二度も免れているのは、強運としかいいようがない。

蚕日記40　世間離れ

二〇一四年七月五日

忘れもしない、一年前の七月のことだ。いつもは二階にある先生の研究室で話を伺っていたのだけれど、この日はセンターの一階にある実験室に通された。「暑いでしょうから」と先生は窓を開けながら、「九大に来たころ、研究に都合がいいから、下宿を引き払ってここに引っ越して来なさいと教授に言われましてね、ここで寝泊まりしていたんですよ。いやー、だまされましたね」と、笑って思い出話をしてくれた。打ち解けた雰囲気の中で、こんな話が出て来た。

「大学に来た時、その教授から話がありましてね。『伴野さん、やがて学者として研究をしたくなると思いますが、その気持ちは捨てて、カイコを飼育することだけに専念して下さい』そう言われましたね」

聞いた瞬間、取材ノートに思わず「サクリファイス（犠牲）」と書いてしまった。とても失礼なことだったかもしれない。しかし、若い科学者にとって、その宣告は残酷ではないだろうか。やはり俗世を離れた世界だと思った。

同じ質問を河原畑先生にもぶつけたことがある。

「彼等は世間離れしていませんよ。でも、実用向けの産業には近くない。九大のカイコの遺伝子研究はみんな役にたたないものばかり。繭がたくさんとれる役に立つものは全部、農林水産省に渡しているんですから」

しかし、カイコの系統保存の価値について質問したメールの返事には、こんな讃辞が贈られていた。

【現代の風潮では大学においても金になる研究でなければ研究費の獲得が困難といわれ、その対応に苦慮されている基礎研究分野の先生方の日常を見聞きする中で、カイコ突然変異遺伝子の保存事業が九州大学農学部で一〇〇年継続されて来たことに対し、心より敬意を表します】

大学では、「カイコの遺伝子資源は世界的な研究活動を支える知的基盤であり、長年蓄積してきたリソースの整備、管理、情報発信に関する九州大学の研究を継承、発展させる」ことを大きな方針としている。共通しているのは、「系統保存が遺伝学の基盤だ」という強い認識である。

それでも、インタビューの折にふれ、私は伴野先生に尋ねたものだ。

「こちらのお仕事をベースにこれからどんな研究をなさいますか。カイコは感受性が強い生物だと聞いたんですけど、例えば人間に有害なものを注入して、こんな結果が出ますよっていうような実験はなさらないんですか」

「それは、カイコを実験動物として利用していくということは、田中先生も田島先生もなさっていますね」

「先生もそういうお考えですか」

答までに多少の間があった。珍しいことだ。

「……、とにかく実験をする時に材料がないと始まらない。その材料がきちんとした材料で、氏素性がわかっているものと、そうでないものとでは結果が全然違いますから。外山亀太郎がいっているように、雑駁でね、いろんな性質が混じっていたら、薬品をあてて突然変異がおこったのか、元々混じっていたのか、わかりませんよね。だから、この研究室で何をするっていうことを始めちゃうと、系統保存がだめになっちゃうんですよね。いろんな科学の状況を見ながら、世の中の動きを見ながら、やはりそれに合った系統を育成していくということはもちろんしてますけど、でもやはりピュアなものを飼い続ける。誰がいつ必要とするかはわかりませんけれどね」

求道者たちは決して世間離れしていない。むしろ、センサーを働かせて世の中をよく見ながら、系統保存を続けているのだ。しかし、「いつ必要とされるかわからない」道を歩む姿はやはり求道者に重なる。

第九章　命をつなぐ

蚕日記41　**メンデルの庭**

ある日、こんなことをふと思った。それは本当に「ふと」だった。

遺伝学の始まりになったメンデリズムの舞台、チェコ東部にあるモラヴィアを訪ねてみたいと。染色体、遺伝子、DNA、RNA、遺伝子組換え……遺伝学が複雑になっていくにつれ、私はモラヴィアの緑広がる風景写真を眺め、そこに吹く風を感じた。全ては、モラヴィア・ブルノの修道士だったメンデルが、そこでエンドウマメを育てて実験を始めたことに端を発している。とても素朴でアナログな世界から出発しているのだ。

「ふと」の気分に乗って、モラヴィアのブルノがどんな所なのか調べてみた。ウィーンまで一〇〇キロメートルの距離にあるチェコ第二の都市で、人口約四〇万人。町の中心に

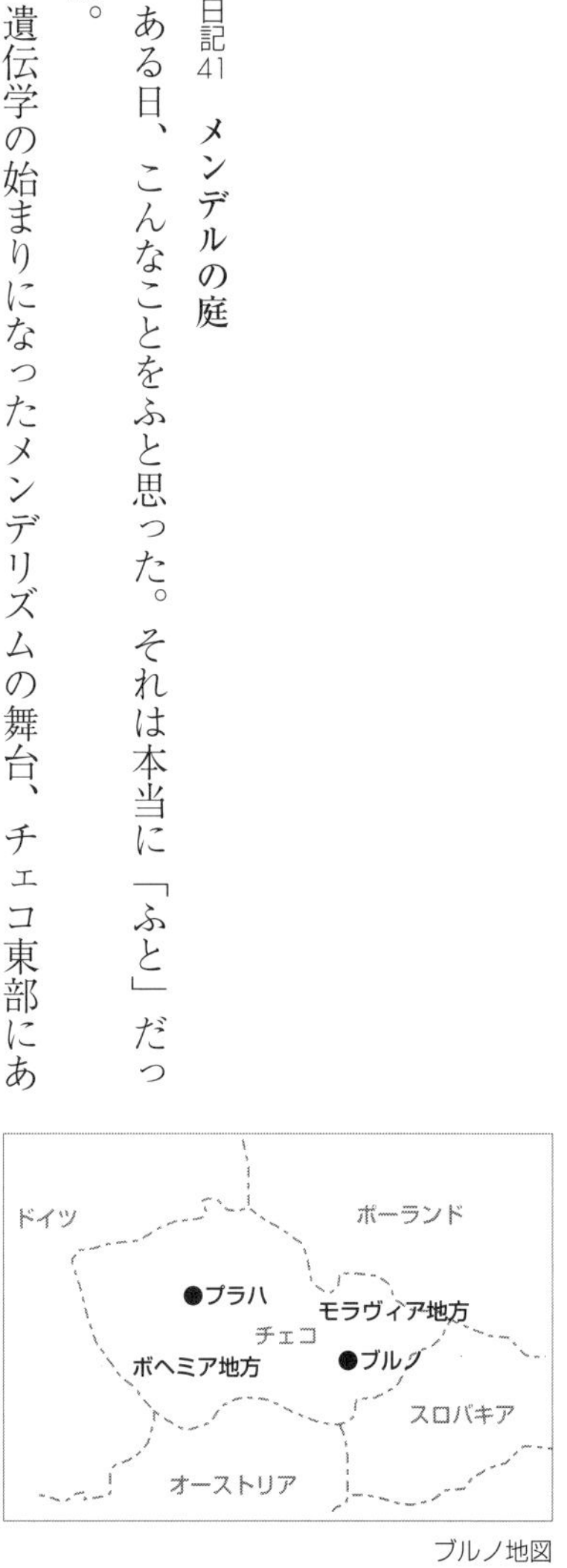

ブルノ地図

は〝シュピルベルク〟という大きな城があり、一番の観光名所とある。名産はビールとワイン。メンデルのいた聖アウグスティノ修道院は今に姿を止め、一部はメンデル博物館になり、修道院正面は「メンデル広場」と名付けられ、彼の功績を讃えている。

更に調べを進める内に、「小さな発見」をした。それは、作曲家のヤナーチェック[*1]とメンデルの人生が交叉していたということだ。ヤナーチェックも、モラヴィア・ブルノの出身なのだ。村上春樹の小説『1Q84』で、日本でも一躍有名になったあの〝ヤナーチェック〟。時代はメンデルより三〇年ほど下るけれど、同じブルノの修道院にいたこともわかった。メンデルが修道士をしていた頃、少年ヤナーチェクは聖歌隊隊員として暮らしていたのだ。しかも彼が修道院にやって来た一八六五年に、「メンデルの法則」は発表されている。なんだか、あの「シンフォニエッタ」[*2]が頭の中で響き出すような偶然だ。

＊1　一八五四〜一九二八年　モラヴィア出身の作曲家。モラヴィア地方の民俗音楽に想を得たオペラ、管弦楽曲、合唱曲など多くの作品を残した。
＊2　ヤナーチェック最晩年の作で、ファンファーレで始まりファンファーレで終わる力強い管弦楽作品。小説『1Q84』の冒頭から、随所に登場する曲で、日本でも話題になった。

メンデルについては中沢信午氏の『遺伝の法則にいどむ・メンデル伝』（一九八〇年、国土社）に詳しい。それによると、一九世紀のモラヴィアは科学への関心が非常に高く、いわゆる学会をリードする気運に満ちていた。そんな環境のもとで、メンデルが所属していたブルノの修道院は二つの目標を活動の柱に置いていた。一つが立派な人間として生活すること、もう一つが自然科学の研究にたずさわることである。ブルノの修道院長は、農産物改良のために「遺伝の法則」をつきとめることを目標に掲げていた。そこで、若き俊才メンデルに白羽の矢が立ったのだ。

メンデルは実験の目的を「植物の形や花の色などが、どういう規則で親から子に伝わるか」に絞った。先ず、三四種類のエンドウの種を購入し二年にわたって予備実験を行い、その内から二二種類を実験に用いる事に決めた。一八五六年春、メンデル三三歳である。

実験の舞台になった修道院の庭の広さは長さが三五メートル、幅が七メートルで決して広いとは言えない。そこに最初五七五本、翌年は一〇八一本と増やしていき、研究の終る一八六三年には、二万七二二五本にまでなった。メンデルはここで七対の形質について雑種を作っている。

①種が球形と皺のあるもの（つるつるとしわしわ）
②胚乳が黄色のものと緑色のもの
③種が白いものと色のあるもの
④さやがふくらんだものとしわがあるもの

⑤未熟のさやが緑色のものと黄色のもの
⑥花が茎の頂きにつくものとつきにくいもの
⑦茎の高さが二メートルのものと三〇センチメートルのもの

これら七つの形質を調べるために、明らかに形質の違う二つの純系のエンドウを選び、人工受粉して雑種を作りメンデリズムを導いた。緻密な計画に基づいた厳密な実験から生まれた大発見だった。

ここまで読んで、「そっくりだ」と気付かれた読者も多いと思う。そう、九大で行っているカイコの形質検査と同じなのだ。もちろん、エンドウマメとカイコでは形状や性質が異なるので、項目の内容は違っているが、方法論は同じである。眼で判断してわかる形質の違いを正確に記録していく……、モラヴィアの風は一五〇年を越えて九州大学にも吹いている。

そして、それを裏付ける興味深い事実が『メンデル伝』に書かれていた。一連のエピソードは、『メンデル伝』の〝別刷のゆくえ〟と題されたページにあった。

「……田中義麿は、一九一九年から三年間、ヨーロッパに留学していた。そのときに、彼はブルノを訪れた。当時は第一次世界大戦が終わってまもないころで、チェコスロバキアは独立していたけれども、大戦争の跡があちこちに残っていた。そのモラヴィアへ、一人の日本人がやって来た。それが田中であった」とあり、続けて田中義麿の日記が引用されている。

一九二一年七月一三日、水曜日朝八時にウィーンを発ち、一〇時前にブルノに到着。馬車で工業専門学校と高等学校をたずねた。これは、メンデルの研究家として有名なイルチスに会うためであった。しかしイルチスは旅行中とのことであった。それで、昔メンデルがいた修道院に行ってみた。有名なシュピルベルクの丘のふもとをまわり、いよいよ修道院に到着し、名刺を出して修道院長にお会いしたいと申し出ると、英語を話すパズデルカという図書係の人に案内され、院長と会うことができた。それから、メンデルが使ったという道具、実験のために植物を植えた庭園、ミツバチを飼った小屋なども見せてもらい、さらにメンデルの論文の別刷と、メンデルの写真をもらった。

この別刷[*]がメンデリズムの原典である。因みに、この別刷は四〇部作られたが、現在では八部しか所在がわからないという内の貴重な一冊である。

＊　メンデルが一八六五年に発表した『ブルノ自然研究会誌』第四巻の中から、メン

デルの論文「植物雑種の研究」だけを取り出して別に印刷して表紙をつけたもの。

田中は、今から約一〇〇年前、遺伝学の聖地ともいえるチェコ・モラヴィアにあるブルノの修道院を訪ね、メンデルの庭に立っていたのだ。三六歳、「我、いざいかん」という気概が伝わって来るようなエピソードではないか。

これは偶然だが、田中義麿はメンデルが亡くなった一八八四年に生まれている。後年、田中が遺伝学の門を叩くきっかけとなるテキストがベーツソン*の『メンデルの遺伝の法則』だったという思い出を大切にしていた。「メンデルの庭」を訪ねたのはそんな若いロマンが後押ししたのかもしれない。

＊ イギリスケンブリッジ大学教授（一八六一〜一九二五）は、メンデル実験の追試を行い、世界にメンデルの名を広めた遺伝学者。

蚕日記42　**遺伝学のバイブル**

メンデルの庭を訪れてから一三年の歳月が流れた一九三四年（昭和九年）、田中は『GENETICS（遺伝学）』を上梓する。あの外山亀太郎の推薦を受けてから実に一九年がたっていた。本を開くと先ずメンデルの肖像写真……あの時、ブルノの修道院から贈られたものである。そして、次のページに「メンデルとその筆跡」とあり、「……強固な意志と真摯な気質とがその面貌上に躍如たるを見る。筆跡は自叙伝の末尾でその性格や几帳面さが窺われる」と書かれ、メンデルの遺伝学者としての本質を喝破している。

もう一つ「メンデルの生涯」と題されたページに、こんな言葉を見つけた。義磨が撮影したエンドウマメ実験圃場の写真が掲載されたキャプションの一行に。

「この狭小な裏庭に於いてなされたる業績の偉大さを懐えば感慨いとも深いものがある」

来訪から一〇年を経て遺伝学の大家となった義磨の感慨の深さをのぞいてみたい想いである。

『遺伝学』は一〇〇〇ページにわたる大部なものだが、* 前篇の第一に「実験的遺伝学」を置き、メンデルの法則について一〇〇ページ以上を割いている。メンデリズムについて詳しく知りたい人は、これを読めば「よくわかった」と納得するだろう。極めて正確でわかりやすい。遺伝学のバイブルといわれる所以だ。バイブルを読んで「アッ」と思ったのは、遺伝学研究の方法論だ。四つ挙げられている内の一つに〝系統的方法〟があり、こう書かれていた。

* 本書では『遺伝学』増補第七版（一九五〇年、裳華房）をテキストにした。尚、『遺伝学』は一九五三年の第九版まで版を重ねている。

「先ず個体の集団を採り系統繁殖を行い、種々なる型を分離しこれら各型を互いに交雑し、最後にその雑種の子孫につき、統計的に精細な研究をするものである……系統的方法の特徴は現実に見証し得る点にあって、その理論的解釈は人により説を異にする場合もあるが、事実だけは実験上の錯誤がない限り永久にその価値を失わないものである」

この方法論はメンデルや外山亀太郎から受け継いだものであり、九大に今も生きている。「実験上の錯誤がない限り」と釘を刺したうえで、「系統的方法の特徴は現実に見証する点にあって、事実だけは永久にその価値を失わない」と断言する。それは、カイコを手の平に乗せ、歩みを共にした体験に裏打ちされたものだ。

メンデルのサイン

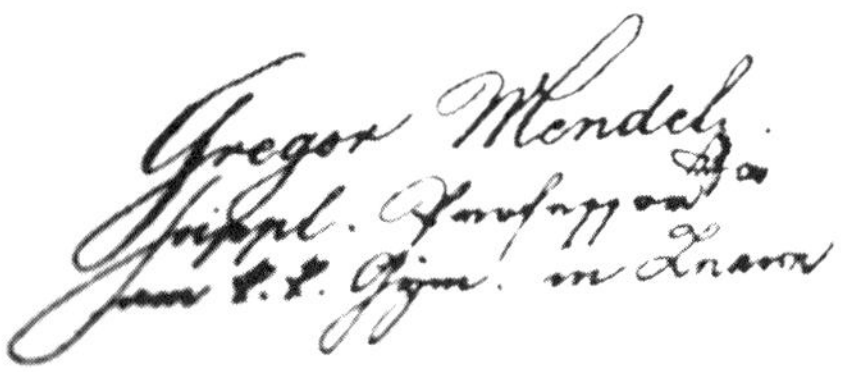

蚕日記43　五月の風

二〇一五年五月二六日

「掃立て」の季節に吹き始めた五月の風は、緑のむせる様な生命のエネルギーを取り込んで力強さを増していく。

この日は朝から快晴で、気温は二九度を越えていた。

大学ではカイコの形質検査が始まっている。これが驚くほど素早い。何しろ、春に検査するカイコの数は一日五万頭。「変ったカイコが混じっていないか」。誰もがその一点に集中して、手に取ったカイコをじっと見つめている。

今、行われている「目視による形質検査」は田中義麿が教えた永久の価値をもつものだ。検査の現場では、「系統保存の上で先ず大切なのは眼で判断できる形質の違いを確認することなんですよ。眼で区別できるということが大事です」と教えてもらった。


形質検査が終わりに近づいた頃、私は九大のキャンパスを歩きながら考えていた。遺伝学の先端を走る生命科学といった分野とはかけ離れたカイコだらけの世界になぜ魅了されたのだろうかと。

遠くで学生たちの笑い声がしている……。


思うに、それは、私が接したことのない世界だったからだ。先ず、たくさんのカイコが生きてそこに在った。蠢いていた。そして命を育てる人たちの静寂があった。目の前の果実を求めずに、数百年、数千年のサイクルで黙々とカイコを育てる人たちに流れている時間は二四時間制とは違う時間軸だ。

そんな流れの中で、一代でも決して命を絶やさない覚悟が、遺伝学の基礎を築いて来た。

「新しいカイコの運命は、この命の基層から生まれる」と思うと、科学への漠とした不安が消え、安堵する……ここまで書いた所で、「安堵」という言葉が、自分の中から、ひょいと出て来たことに驚いた。もう使わなくなって久しい言葉だのに、なぜ。次に、「あんど」と声に出してみた。なんだか柔らかい。

ようやくたどり着いたのかもしれない。命をつなぐ系統保存の門の前に。

もう一度、伴野先生の研究室のドアに貼られている二八本の染色体地図を見つめる。一〇〇年の間に二七染色体、二四二の遺伝子が発見された歩みが早いのか遅いのか、私にはわからない。しかし、「求道者たちに、二四三番目の遺伝子発見の歓喜あれ」と願わずにはいられない。

形質検査を終えたカイコたちが名札をつけたカルトンに載って、先生のデスクに次々に運ばれて来る。今、技術職員の西川さんが差し出したのは、「p22」。突然変異発見の基準になる主人公のカイコだ。田中義麿が父親秘蔵の「日本錦」を九大に持ち込んで、今年で九五年の代を重ねた。伴野先生はいつもの様に、ペンをインク瓶につけ、黙ってカイコの辞書に今日の日付を書き込んだ。

「カイコの城」の開け放たれた窓を風が吹き抜けていく。

あとがき

この「あとがき」はギリギリまで待って書こうと決めていた。というのは、カイコの形質検査がすべて終了して、二四三番目の新しい遺伝子発見があれば、それを記録したいと思ったからだ。

蚕からカイコまで、ほぼ一年間、カイコを見続けて来た身としては、どうしても研究者たちに情が移ってしまう。なんとか、新しい遺伝子が発見されないだろうかと、祈るような気持ちが募るのだ。

しかし、それは俗人の考えかもしれない。実際にカイコに携わっている人たちは、ただ淡々とカイコを育てる「求道者」なのだから。カイコの遺伝子研究で、成果を上げようといった欲を捨て、全てのエネルギーを命をつなぐために注いでいる。次元の違うスケールで仕事をしているのだ。

目先の利に走らないという姿勢は、現代においてはとても難しい。国立大学では、来年度から成果が目に見える形で現われなければ、予算の獲得は難しくなった。しかし、声高な「成果主義」が世の中の基盤を取り崩す危険性を孕んでいることを、カイコを通して実感して頂ければ幸いである。

九州大学の二〇一五年春期のカイコ幼虫検査は五月二九日で終了。繭検査を経て、種採りも終わった。今年も無事に命をつなげたが、ヒヤリとする年でもあった。というのは、カイコに病気が発生したからだ。伴野先生のメールに「少し病気が出て緊張しています」とあった。先生の口から初めて出た「緊張」……。短い言葉から、ピリピリした空気が伝わって来る。二四三番目の遺伝子発見を待っていた自分の能天気を恥ずかしく思った。更に、「病気が出たので、今年は二回目の飼育を鹿児島の指宿試験地で行います」という知らせが届いた。福岡での飼育は病気のリスクを負うためだ。淡々の内に秘められた命をつなぐ大変さを改めて思い知る。「一〇〇点か、〇点かどちらかです」と言った西川さんの言葉通りだ。今は、カイコの順調な生育を祈るばかりである。

そんな状況の中、一年間の取材におつき合い頂いた九州大学の伴野豊先生には感謝するばかりである。あの明快な解説とスピーディーな打ち返しがなければ、遺伝学に全く無縁だった私がここまでたどり着けるはずもなかった。加えて、ギリシア神話を例にとり、学問の在り方をお話し下さった河原畑勇先生のおかげで、肩の力を抜いて多くの資料に当たることができた。

科学者の魅力に触れることが出来た今回の巡り会いが、一粒の繭から生まれた不思議を想わないではいられない。カイコが紡ぐ神秘の糸が、遺伝学の道へと導いてくれた。やはり、カイコ数千年の歴史の奥深さだろう。

刊行にあたっては、このテーマをお引き受け下さった「未知谷」飯島徹氏に、心からのお礼を申し上げたい。また、私の要領を得ない申し出に辛抱強く応えて下さった編集実務担当の伊藤伸恵氏に感謝を申し上げる。

二〇一五年七月　　馬場明子

ばば　あきこ

1973年県立福岡女子大学卒業後、テレビ西日本入社。アナウンサーを経て制作部ディレクターに。「螢の木」で芸術選奨新人賞受賞。他に、炭坑を舞台にした「コールマインタワー～ある立て坑の物語～」、チェルノブイリを取材した「サマショール」など、ドキュメンタリーを数多く手がける。元久留米大学非常勤講師。

著書に『螢の木』『筑豊　伊加利立坑物語』（未知谷）がある。

蚕（カイコ）の城（しろ）
明治近代産業の核

2015年7月25日 初版印刷
2015年8月10日 初版発行

著者　馬場明子
発行者　飯島徹
発行所　未知谷
東京都千代田区猿楽町2丁目5-9　〒101-0064
Tel. 03-5281-3751 / Fax. 03-5281-3752
［振替］　00130-4-653627
組版　柏木薫
印刷所　ディグ
製本所　難波製本

Publisher Michitani Co. Ltd., Tokyo
Printed in Japan
ISBN978-4-89642-478-2　C0095